畜禽产品安全生产综合配套技术丛书

# 肉牛标准化安全生产关键技术

魏凤仙　主编

中原农民出版社
·郑州·

**图书在版编目(CIP)数据**

肉牛标准化安全生产关键技术/魏凤仙主编.—郑州：
中原农民出版社,2016.10
（畜禽产品安全生产综合配套技术丛书）
ISBN 978 - 7 - 5542 - 1489 - 3

Ⅰ.①肉… Ⅱ.①魏… Ⅲ.①肉牛 - 饲养管理 - 标准
化 Ⅳ.①S823.9 - 65

中国版本图书馆 CIP 数据核字(2016)第 222372 号

肉牛标准化安全生产关键技术

魏凤仙　主编

出版社:中原农民出版社

地址:河南省郑州市经五路 66 号　　　　　　邮编:450002

网址:http://www.zynm.com　　　　　　电话:0371 - 65788655

发行单位:全国新华书店　　　　　　　　传真:0371 - 65751257

承印单位:新乡豫北印务有限公司

投稿邮箱:1093999369@qq.com

交流 QQ:1093999369

邮购热线:0371 - 65788040

开本:710mm×1010mm　1/16

印张:11.5

字数:192 千字

版次:2016 年 10 月第 1 版　　　　　　　印次:2016 年 10 月第 1 次印刷

书号:ISBN 978 - 7 - 5542 - 1489 - 3　　　　定价:28.00 元

本书如有印装质量问题,由承印厂负责调换

# 序

　　近年来,我国采取有力措施加快转变畜牧业发展方式,提高质量效益和竞争力,现代畜牧业建设取得明显进展。第一,转方式,调结构,畜牧业发展水平快速提升。持续推进畜禽标准化规模养殖,加快生产方式转变,深入开展畜禽养殖标准化示范创建,国家级畜禽标准化示范场累计超过4 000家,规模养殖水平保持快速增长。制定发布《关于促进草食畜牧业发展的意见》,加快草食畜牧业转型升级,进一步优化畜禽生产结构。第二,强质量,抓安全,努力增强市场消费信心。坚持产管结合、源头治理,严格实施饲料和生鲜乳质量安全监测计划,严厉打击饲料和生鲜乳违禁添加等违法犯罪行为。切实抓好饲料和生鲜乳质量安全监管,保障了人民群众"舌尖上的安全"。畜牧业发展坚持"创新、协调、绿色、开放、共享"的发展理念,坚持保供给、保安全、保生态目标不动摇,加快转变生产方式,强化政策支持和法制保障,努力实现畜牧业在农业现代化进程中率先突破的目标任务。

　　随着互联网、云计算、物联网等信息技术渗透到畜牧业各个领域,越来越多的畜牧从业者开始体会到科技应用带来的巨变,并在实践中将这些先进技术运用到整条产业链中,利用传感器和软件通过移动平台或电脑平台对各环节进行控制,使传统畜牧业更具"智慧"。智慧畜牧业以互联网、云计算、物联网等技术为依托,以信息资源共享运用、信息技术高度集成为主要特征,全力发挥实时监控、视频会议、远程培训、远程诊疗、数字化生产和畜牧网上服务超市等功能,达到提升现代畜牧业智能化、装备化水平,以及提高行业产能和效率的目的。最终打造出集健康养殖、安全屠宰、无害处理、放心流通、绿色消费、追溯有源为一体的现代畜牧业发展模式。

　　同时,"十三五"进入全面建成小康社会的决胜阶段,保障肉蛋奶有效供给和质量安全、推动种养结合循环发展、促进养殖增收和草原增绿,任务繁重而艰巨。实现畜牧业持续稳定发展,面临着一系列亟待解决的问题:畜产品消费增速放缓使增产和增收之间矛盾突出,资源环境约束趋紧对传统养殖方式形成了巨大挑战,廉价畜产品进口冲击对提升国内畜产品竞争力提出了迫切要求,食品安全关注度提高使饲料和生鲜乳质量安全监管面临着更大的压力。

"十三五"畜牧业发展,要更加注重产业结构和组织模式优化调整,引导产业专业化分工生产,提高生产效率;要加快现代畜禽牧草种业创新,强化政策支持和科技支撑,调动育种企业积极性,形成富有活力的自主育种机制,提升产业核心竞争力;要进一步推进标准化规模养殖,促进国内养殖水平上新台阶;要积极适应经济"新常态"变化,主动做好畜产品生产消费信息监测分析,加强畜产品质量安全宣传,引导生产者立足消费需求开展生产;要按照"提质增效转方式,稳粮增收可持续"的工作主线,推进供给侧结构性改革,加快转型升级,推行种养结合、绿色环保的高效生态养殖,进一步优化产业结构,完善组织模式,强化政策支持和法制保障,依靠创新驱动,不断提升综合生产能力、市场竞争能力和可持续发展能力,加快推进现代畜牧业建设;要充分发挥畜牧业带动能力强、增收见效快的优势,加快贫困地区特色畜牧业发展,促进精准扶贫、精准脱贫。

由张晓根教授组织编写的《畜禽产品安全生产综合配套技术丛书》涵盖了畜禽产品质量、生产、安全评价与检测技术,畜禽生产环境控制,畜禽场废弃物有效控制与综合利用,兽药规范化生产与合理使用,安全环保型饲料生产,饲料添加剂与高效利用技术,畜禽标准化健康养殖,畜禽疫病预警、诊断与综合防控等方面的内容。

丛书适应新阶段、新形势的要求,总结经验,勇于创新。除了进一步激发养殖业科技人员总结在实践中的创新经验外,无疑将对畜牧业从业者培训、促进产业转型发展、促进畜牧业在农业现代化进程中率先取得突破,起到强有力的推动作用。

中国工程院院士

2016 年 6 月

# 目 录

肉牛标准化安全生产关键技术

# 第一章 概 述

　　进入 21 世纪以来,伴随居民生活水平的提高及膳食结构的变化,对牛肉需求量的不断增加,牛肉产品市场需求旺盛,肉牛产业发展迅速,目前我国已成为继美国和巴西之后的第三大牛肉生产国,在部分地区肉牛养殖已经成为区域经济发展和农民增收的新亮点。

# 第一节　肉牛标准化健康养殖的概念与意义

健康养殖的概念最早源自20世纪90年代中后期,其目的是要保护动物健康,生产安全营养的畜产品,最终实现无公害畜牧业生产,保护人类健康。立足于传统畜牧业的基础,解决畜牧业生态环保,无公害、规模化、标准化、安全优质等问题。其生产的产品必须为社会所接受,质量安全可靠无公害,对人类健康没有危害,对于环境的影响较小,而且具有较高经济效益的生产模式。

健康养殖业是以安全、优质、高效、无公害为主要内涵的可持续发展的养殖业,是在以追求数量增长为主的传统养殖业的基础上实现数量、质量和生态效益并重发展的现代化畜牧业。健康养殖包含3个方面的含义:①动物健康,即以保护动物健康、提高动物福利为主线。②人类健康,即以生产质量安全、富含营养品的无公害畜产品,保护人类健康为目的。③环境健康,即生产方式要符合节约资源、减少对环境影响的原则。

我国的畜牧业经历了由农业中的副业转变为解决农村剩余劳动力、发展农业经济、保障肉产品供给的重要产业,饲养方式不断变化,由原来的散养逐渐向规模化、集约化发展。但是,广大畜禽养殖户受养殖传统观念、资金、发展环境及科学知识水平等因素的影响,建场时很少考虑生物安全与环境污染问题,大多数畜禽舍和养殖设施比较简陋,在养殖过程中各种弊端逐渐显露出来。由之带来的环境污染、产品质量下降及药残等问题,对人们的身体和心理造成了一定的负面影响,成为制约畜牧业健康快速发展的因素。因此,要推动畜牧业健康稳定、可持续发展,必须改变传统的养殖方式,引导养殖户更新饲养观念,改进饲养方法,建立适应市场经济发展的现代化健康养殖方式。

我国作为畜牧养殖大国,畜牧业在农村经济发展中具有独特的地位,对发展农村经济起到了重要作用。在畜牧业快速发展的同时,部分养殖场粪便随地堆积,污水任意排放,对环境的污染日益严重;动物疫病的发生日趋复杂化;违法添加、药物残留超标等食品安全事件时有发生,直接影响了畜牧业的健康发展和动物性产品的质量,因此实施动物的健康养殖意义重大。

## 第二节　肉牛产业发展概况

### 一、肉牛生产发展现状

　　现阶段我国的肉牛生产以农户分散饲养育肥为主,大型肉牛育肥场和规模饲养场出栏量仅占5%左右。但从发展看,我国肉牛业的专业化程度也在稳步提高。在肉牛饲养或育肥过程中,缺少专用的添加预混合饲料。这种饲养方式造成饲料混杂、品种混杂、年龄混杂,其结果是育肥期长、育肥效率低、牛肉质量差、产品缺乏竞争力。肉牛生产管理人员缺乏经验和技术,使牛场饲料加工及配合存在不少问题,并在发展肉牛产业认识上产生了误区,散养户过度强调节粮,忽视了肉牛的品质差异,从而导致其价格差异。集约化饲养条件下牛日粮的50%以上是精饲料,不再是"节粮型畜牧业"。

　　肉牛在屠宰加工方面存在两种情况:一是屠宰设备极其简陋,对肉牛的加工利用能力差,浪费了不少有价值的部分;二是屠宰设备先进,屠宰能力强,但肉牛供不应求,使这些先进设备大部分时间处于停工状态。在牛肉产品加工方面,多年来我国的牛肉主要是以未经处理的鲜肉、冷冻牛肉和熟食的形式进行销售,经过排酸熟化处理的冷鲜牛肉很少,产品未能进行适当的分类、分级和处理,这样既不能为不同的产品找到合适的市场,又不能为消费者提供更多的选择,使产品的价值降低,销量受阻,加工厂利润下降,甚至亏损。熟牛肉大多是由家庭作坊生产,加工方式简单,卫生状况差,品种单一,质量低下,加工种类少,技术含量低,缺少精加工产品,加工产量不足牛肉产量的5%。

### 二、影响肉牛健康养殖的因素

　　当前,我国的肉牛生产中存在许多不符合健康养殖理念的问题,阻碍了肉牛产业健康养殖的推进。

　　1. 养殖方式落后,生产水平低

　　我国的肉牛生产仍然是繁殖母牛养殖以农户传统庭院散养为主,育肥牛养殖以育肥户(场)异地集中规模饲养为主;农区和牧区分别采用圈养和放牧。这种落后的生产和经营方式必然存在饲养管理粗放、肉舍条件简陋、日粮营养不合理等问题。

　　我国肉牛生产水平低,个体生产性能指标落后于发达国家,如存栏牛年均产肉量在发达国家普遍达到 80～90 千克/头,而我国仅为 46.8 千克/头;肉牛胴体重在发达国家达到 295 千克/头以上,世界平均水平为 205 千克/头,而我国仅为 147 千克/头。肉牛饲养管理粗放,饲养方式落后,秸秆氨化、青贮,牧草规模种植等技术未得到有效推广,饲料混杂,精饲料比例低,粗饲料比例高,

### 2. 肉牛良种化程度低

目前,我国黄牛的改良率不足 15%,本地良种肉牛及外来改良牛之和仅占 35%,与国外肉牛业生产所用专门化品种杂交配套系有很大差距。良种化程度低是制约我国优质肉牛生产的最根本因素,造成增重慢,牛肉质量差,饲养成本高。基层推广体系不健全,推广人员少,待遇差,素质不高,且有相当数量的基层站点专业技术人员严重不足,配种等技术水平亟待提高,对新品种、新技术掌握滞后,必要的冷藏设施和仪器设备严重不足等,严重影响了品种的改良和优良品种的推广进程。

国内地方品种虽然有独特的环境适应性和肉质鲜美的特性,但是由于生产速度慢、屠宰率低,农户都喜欢用进口牛来改良地方黄牛,地方黄牛冻精需求逐年减少,种公牛站经济效益处于亏损状态,导致地方黄牛公牛数量急速下降。

### 3. 肉牛繁殖成活率低,死亡率高

我国母牛繁殖成活率平均为 72%,本地黄牛体形小,往往因胎儿过大而难产,杂种牛犊的难产率高于当地黄牛。冷配技术人员操作不规范也人为造成多种不孕症,延长生殖间隔。

国内肉牛的全程死亡率高达 5%,直接经济损失达 90 亿～150 亿元。动物的传染病严重地影响了我国肉类及其制品进入国际市场,每年因疾病死亡造成严重的经济损失。特别是接近临产的总的犊牛死亡率为 6.1%。临产死亡的犊牛中最大部分(72%)是死于难产,犊牛死亡率和发病率高的直接原因是营养缺乏和管理不善。

### 4. 肉牛饲养规模小

我国的肉牛养殖以分散的小规模农户养殖为主,一般每户饲养三五头,多的也只有十几头或几十头。尽管有些地区也发展了一些专业化的大型肉牛育肥场和饲养规模较大的肉牛育肥专业户,但他们出栏的屠宰牛数量十分有限,占总出栏量的比例也很小。这样的生产方式和规模不仅使很多科学的饲养技术与标准难以普及,同时也使生产者的养殖成本因规模小而偏高。缺乏技术和收益低成为当前我国肉牛养殖户面临的主要问题。

5. 产业化程度低和加工技术不高

肉牛产业化是以国内外肉牛产品市场为导向，以经济效益为中心，以科技为支撑，按市场经济发展的规律和社会化大生产的要求，通过龙头企业的组织协调，把分散养牛户的饲养、生产、加工、销售及流通与千变万化的大市场衔接起来，进行必要的专业分工和生产要素重组，实施资金、技术、人才和物资等生产要素的优化配置，促成产业的布局区域化、生产专业化、产品标准化、管理科学化、服务社会化、经营一体化和产业市场化。

无论是企业数量、规模，还是加工能力，我国肉牛加工企业的水平都比较低。此外，我国肉牛的屠宰和加工企业设备和工艺相对落后，忽视各品种、各年龄段、各部位牛肉的区别分割，缺乏特色牛肉的加工工艺，对肉质的提升造成了负面影响，从而又影响到肉牛的饲养人员或企业在饲养过程中对不同需求牛肉产品的生产追求。

在引导消费、开拓市场方面开展工作较少，市场开发明显不足。牛肉产品销售上，不分品种、性别、年龄，价格便宜，不能体现不同档次牛肉的不同价格。我国的肉牛基地和肉牛加工企业之间，还没有真正建立起共担风险、利益共享的有机、完整的产业化链条。

6. 牛肉的质量安全问题威胁着产业的健康发展

牛肉质量安全问题是一个综合问题，不仅局限于微生物污染、化学物质残留及物理危害，还包括如营养、食品质量、标签及安全教育等问题。目前，影响我国牛肉质量安全的主要因素，大致可分为兽药残留、违禁药物、重金属等有毒有害物质超标、动物疫病的流行、人为掺杂使假等。随着肉牛产业的不断发展，兽药、兽用生物制品、饲料添加剂等生化制剂的滥用，环境的恶化越来越严重，给牛肉的质量安全带来严重隐患。

## 三、肉牛健康养殖新技术

牛是反刍动物，围绕牛的瘤胃营养开展绿色饲料和饲喂技术是肉牛健康养殖技术的重要内容。

1. 全混合日粮饲喂技术

全混合日粮（TMR），是一种将粗饲料、精饲料、矿物质、维生素和其他添加剂充分混合，能够提供足够而均衡的营养，以满足动物需要的饲养技术。TMR 饲养技术在配套技术措施和性能优良的 TMR 机械的基础上能够保证动物每采食一口日粮都是精粗比例稳定、营养浓度一致的全价日粮。

TMR 技术较传统饲喂方式的优点：

(1)增加干物质采食量　TMR 技术将粗饲料切短后再与精饲料充分混合,使物料在物理空间上产生了互补作用,显著提高了日粮的适口性,从而增加了动物干物质的采食量。

(2)提高饲料利用率　在性能优良的 TMR 机械充分混合的情况下,完全可以排除动物对某一特殊饲料组分的选择性(挑食),有利于最大限度地利用低成本的饲料原料。充分混合的日粮能够减少瘤胃 pH 的波动,促进微生物的生长繁殖,因而能够显著提高饲料的消化率。

(3)减少营养代谢病的发生　TMR 是按动物饲养标准完全混合的均衡日粮,能减少偶然发生的微量元素、维生素的缺乏或中毒现象。TMR 能减少瘤胃 pH 的波动,预防营养代谢紊乱,减少真胃移位、酮血症、产褥热、酸中毒等营养代谢病的发生。

(4)提高生产效率　粗饲料、精饲料和其他原料均匀混合,能显著减少动物采食后瘤胃 pH 的波动,从而保持瘤胃 pH 稳定,为瘤胃微生物创造一个良好的生存环境,促进微生物的生长繁殖,提高微生物的活性和蛋白质的合成率,从而提高饲料消化率。

2. 过瘤胃蛋白保护技术

过瘤胃蛋白保护技术是将饲料中蛋白质经过技术处理将其保护起来,避免蛋白质在瘤胃内发酵降解,而直接进入小肠吸收利用。目前常用的保护过瘤胃蛋白的方法有甲醛保护、氢氧化钠保护、丙酸保护、乙醇保护等化学保护方法;干热、热压、膨化、焙炒等热处理方法;蛋白质包被、化合物包被、聚合物包被等物理方法,以及现今认为最环保、保护效果最好的糖加热复合保护处理等。

3. 微生态制剂等新型饲料添加剂添加技术

微生态制剂具有无污染、无残留且不产生耐药性等特点,在肉牛饲料中添加含有有益活菌制剂,可以达到防治疾病、提高免疫力、促进生长和改善饲料利用率的作用。

# 第二章　标准化肉牛场建设及环境控制

　　肉牛场标准化建设规模分为大、中、小型,存栏肉牛分别为1 000头以上、400~1 000头、200~400头。实施肉牛场建设的标准化,有利于肉牛饲养管理的标准化,预防肉牛疾病的发生,提高肉牛养殖的经济效益。

## 第一节 肉牛场标准化建设

**一、肉牛场标准化建设要求**

肉牛场的建设要本着科学合理、经济适用的原则,根据牛的数量、种类、发展规划、资金、机械化程度等条件而定,并要符合卫生防疫要求,经济适用,做到统筹安排、合理规划。标准化育肥牛场见图2-1。

图2-1 标准化育肥牛场

**二、肉牛场位置的选择**

肉牛场场址选择根据经营方针、饲养管理方式(舍饲或放牧)等因素综合考虑。对地形、地势、土质、水源、电源及居民点等方面进行全面了解。

1. 地势、地形

地势当高燥,最低应高出当地历史洪水线,其地下水位应在2米以下,背风向阳,以保证场区小气候温热状况的相对稳定,减少冬、春季风雪的侵袭,特别要避开西北方向的风口和长形谷地。地面要平坦,稍有坡度,以便排水,防止积水和泥泞。地面相对坡度以1%~3%较为理想,最大相对坡度不得超过25%。场区面积可根据规模、饲养管理方式、饲料储存和加工等方面来确定。要求布局紧凑,尽量少占地,并要留有余地以便将来发展,见图2-2。

2. 土质、水源

牛场的土质以沙质地为最好,其透水、透气性能好,持水性小,雨后不会泥泞,易于保持适当的干燥。

牛场要水源充足,水质良好,以保证生产、生活用水。牛每天用水量较大,1头中等体重的牛,每天饮水10~15升。饮用水质要符合国家畜禽农用水水质标准。见图2-3。

图2-2 标准化布局的牛舍

图2-3 水质良好、水源充足

3. 环境要求

牛场应选择在距饲料生产基地和放牧地较近,交通发达,供水、供电方便的地方,不要靠近交通要道、工厂、居民区等,以利于防疫和环境卫生。牛场的位置应位于居民点的下风口处,距一般居民点200~300米或更远,距主要交通要道200米以上,见图2-4。

图2-4 良好的牛舍环境

### 三、肉牛场的布局要求

肉牛场的规划和布局应本着因地制宜、科学管理的原则,以整齐紧凑,提高土地利用率和节约基建投资、经济耐用,有利于生产管理和防疫安全为目标。

1. **肉牛场建设项目**

依规划大小决定牛场建设所需的项目。存栏100头以下的牛场,可因陋就简,牛的圈舍可利用分散空余的栅屋,休息可以用树荫,以降低成本。存栏100头以上有一定规模的育肥牛场,建设项目要求比较完善。主要建设设施包括:牛的棚舍,寒冷季节较长的地区要建四面有墙的牛舍,或三面有墙,另一面用塑料膜覆盖,较温暖地区可采用棚式建筑;休息地,喂料后供牛休息用,主要用围栏建筑;物料库,用于饲料及其他物品的储藏。另外,还有饲料调制间、水塔及泵房、地磅间、场区道路、堆粪场和储粪池、绿化带、办公及生活用房等,见图2-5。

2. **肉牛场布局的基本原则**

(1)布局原则 生产区和生活区分开是牛场布局的最基本的原则。生产区指饲养牛的设施及饲料加工、存放的地区;生活区指办公室、化验室、食堂、厨房、宿舍等。

(2)风向与流向 依据冬季和夏季的主风向分析,生活区要求避免与饲养区在同一条线上,生活区最好在主风口和水流的上游,而储粪池和堆粪场应在下风口处和水流的下游处,见图2-6。

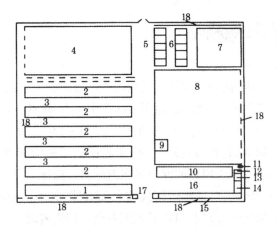

图 2-5 牛场建设布局平面示意图

1. 观察牛舍 2. 肥育牛舍 3. 牛休息场 4. 粪场 5. 中央道路 6. 氨化池 7. 青贮坑
8. 堆草场 9. 地磅 10. 物料库 11. 水塔 12. 泵房 13. 配电室 14. 锅炉房
15. 办公、生活用房 16. 停车场 17. 门卫室 18. 绿化带

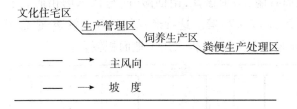

图 2-6 肉牛场风向布局示意图

（3）牛棚舍方向 一般牛舍方向为长轴东西向（即坐北朝南），利用背墙阻挡冬、春季的北风或西北风。在天气较寒冷的地方牛棚可长轴南北向，气温较温暖的地区一般长轴东西向。此外，在牛场的边缘地带应有一定数量的备用牛舍，供新购入牛的观察饲养及病牛的治疗。

（4）牛场的安全 主要包括防疫、防火等方面。为加强防疫，场界应明确，在四周建围墙，并种树绿化，以防止外来人员及其他动物进入场区。在牛场的大门处应设车辆消毒池、脚踏消毒池或喷雾消毒池、更衣间等设施。进入生产区的大门也应设脚踏消毒池。易引起火灾的堆草场应设在场区的下风口方向，而且离牛舍应有一定的距离。一旦发生火灾，不会威胁牛的安全。

1. 牛舍结构类型

牛舍主要由牛床、饲槽、喂料道、粪尿沟等组成。饲槽一般宽60~70厘米,高50~60厘米,其上装有横柱,距地面160厘米左右,供拴牛用。饲槽前面有喂料道,宽120~150厘米。每头牛一般体宽120~130厘米,长150~170厘米。也可以小群饲养,每群6~8头。牛床后面的粪尿沟宽30厘米,深10~15厘米,并有1%~2%的相对坡度向粪尿沟倾斜。粪尿沟通往牛舍外的储粪池。在气候温和的地区,可采用敞棚式或北面有墙、其他三面敞开的牛舍;寒冷地区牛舍北面和两侧有墙及门窗或四面有墙。四周有墙的牛舍大门应朝外开,门宽150~200厘米,高210~220厘米。根据牛床内部布局,可分为单列式、双列式和散养式等几种形式。

(1)单列式牛舍　单列式牛舍饲养规模较小,一般在25头以下。典型的单列式牛舍三面有墙,房顶盖瓦,南面敞开,与休息场相通。牛舍有走廊、饲槽、牛床、粪尿沟(图2-7)等。这种形式的牛舍比较矮,适合于冬、春季节较冷、风较大的地区。造价较低,但占用土地面积较多。

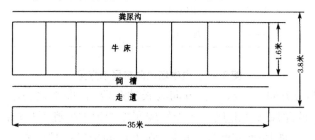

图2-7　单列式牛舍平面示意图

(2)双列式牛舍　双列式牛舍有对头式和对尾式2种。

1)对头式　中间为物料通道,设饲槽,可以同时上草料,便于饲喂,清粪在牛舍两侧(图2-8)。

2)对尾式　中间为走道,两侧为粪尿沟,饲槽设在靠墙侧。这种形式的牛舍便于清粪,但饲喂不方便。

双列式牛舍可四周有墙或两面有墙。四周有墙的牛舍保温性能好,但建筑费用较高。为便于牵牛到室外休息场可在长的两面墙上多开门。两面墙牛舍纵向两面无墙,便于清扫和牵牛运动,冬季寒冷时可用玉米秸秆等编成篱笆挡风,这种牛舍成本较低。双列式牛舍的宽度一般为12米左右。

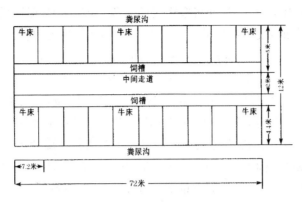

图2-8 对头式牛舍平面示意图

（3）散养式牛舍 散养式牛舍主要建筑物是围栏和四周放置的饲槽。围栏用木材或钢管做成，高1.5～1.8米，在邻近运送饲料通道的一侧建饲槽。围栏的面积根据饲养数量而定。另外，可修建部分遮阳棚。这种牛舍节省投资和人力，适用于天气较暖和的地区。

（4）塑料暖棚牛舍 在北方地区，冬季通常气温都在0℃以下，东北、内蒙古地区甚至在-10℃以下，造成牛体热散失量大，饲料消耗增多，不仅不易上膘，还浪费饲料，造成"一年养牛半年长"，经济效益低。因此，冬季搭建塑料暖棚可使舍内温度达5℃以上，可节约饲料、增加养牛户收入。

暖棚应建在背风向阳、地势高燥处，使其坐北朝南或偏东南更好，以增加采光时间和光照强度，有利于提高舍温。所用塑料薄膜要选用0.02～0.05毫米厚白色透明农用膜。以下介绍一例由辽宁陆克俭设计的暖棚（图2-9）。

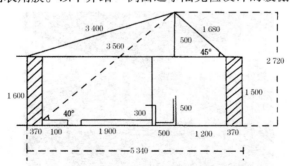

图2-9 暖棚牛舍侧面图（单位：毫米）

上述暖棚牛舍，四面都用砖砌，墙厚37厘米或24厘米。牛舍后坡占牛舍地面跨度的2/3，后坡用草帘子或瓦盖严实、不透风。前坡为地面跨度的1/3，上面覆盖塑料大棚膜或安装白色万通板，既透光、吸热、保温，重量又轻。由于采用太阳光入射角(后墙根和房檐连线的夹角)30°～40°,保证后墙根也能照到阳光。塑料面坡度为40°～65°,冬天中午太阳光几乎与塑料面直射,有较大的受光面积,又能获得较大的透光率,增加了圈内温度。通过实地观测,冬天圈外温度在-30～-20℃时,圈内夜间最低温度在6℃以上,白天就更高了。所以,不影响牛的生长发育和增膘。又由于塑料坡度加大,水滴可顺坡而下,可以用水槽接住倒向圈外,这样减少了圈内湿度。可在牛圈的一头设饲料、饲草调制室和饲养员值班室,牛的出入门可在牛棚的另一端设置。

牛圈顶棚做成前坡长出30～50厘米,这样符合力学原理,结实耐用。但要保证入射角30°以上。后坡重量不大,按图搭建是可行的。

这种牛圈的优点是造价低,每平方米不超过100元。管理方便,由于牛圈不上冻,冬天照常可以用水冲洗和清除粪便,减少了饲养员的劳动强度。夜间前坡塑料要用草帘盖上,白天卷起来,有利于保温。

暖棚的扣棚时间应根据当地的气候条件,一般气温低于0℃时即可扣棚,时间大致为当年11月上旬至翌年3月中旬。扣棚时,塑料薄膜应绷紧拉平,四边封严,不透风;夜间和雪天用草帘、棉帘或麻袋先将暖棚盖严保温,及时清理棚面积雪、积霜,以保证光照效果和防止棚面薄膜损伤;舍内粪尿应每天定时清除。

### 2. 牛舍建筑材料的选择

(1)牛棚舍支撑材料　牛棚舍支撑材料要根据当地自然资源而定,主要有2种类型:砖木结构(即用砖柱和木材顶梁)和钢架结构(图2-10)。砖木结构适合于四面有墙的牛舍,而钢架结构主要用于敞开式牛棚。

**图2-10　钢架结构牛棚**

(2)棚舍地面材料　棚舍地面可用水泥或三合土,也可直接夯实土地,见图2-11。

图2-11 棚舍地面

（3）休息场地材料　休息场地面以沙质土最好，保暖性强，易于尿液的下渗，粪便的干燥。三合土也利于排水、适于牛卧地休息，见图2-12。

图2-12 休息场地

（4）饲槽材料　饲槽使用较为频繁，一般用砖砌成，水泥抹平，是一种经济实用的材料。另外，饲槽表面可贴一层釉面瓷砖，以利于清扫和清洁卫生。工艺上要求饲槽内壁呈半圆弧形，光滑，便于清扫，见图2-13。

图2-13 牛舍饲槽

### 3. 牛场建筑主要技术参数

牛场占地应以经济和节约、合法为原则,表2-1是每头牛占地面积的基本参数,供修建牛场时参考。

表2-1　每头牛各类占地面积参数

| 用途 | 面积(米²) | 用途 | 面积(米²) |
| --- | --- | --- | --- |
| 牛舍休息地 | 8.5 | 物料库 | 0.8 |
| 干草堆放场 | 9 | 青贮池 | 0.9 |
| 场内道路 | 3.5 | 氨化池 | 0.5～0.6 |
| 场外道路 | 0.6 | | |

另外,70米×50米的堆粪场,堆1米高,可存放牛粪1 000吨,可供规模为500头牛的牛场使用。装牛台可建成8米长、3米宽的驱赶牛的坡道,坡的最高处与车厢齐平。

# 第二节　肉牛场环境安全控制技术

## 一、肉牛场环境保护与粪便处理

肉牛生产过程中排出大量废弃物,如粪便、污水、甲烷、二氧化碳等。2001年国家环保总局发布《畜禽养殖业污染物排放标准》(GB18595—2001)。因此,养牛场的粪污处理要引起足够的重视,目前对养牛场粪污处理的基本原则是:养牛生产所有的废弃物不能随意弃置于土壤、河道而酿成公害,应加以适当的处理,合理利用并尽可能在场内或就近处理解决。

牛粪和污水通过理化及生物作用,其中微生物可被杀死,各种有机物逐渐分解,变成植物可以吸收利用的养分。

### (一)牛粪的处理方法

牛粪的处理技术包括好氧处理(氧化塘)、厌氧消化处理和高温发酵处理。我国已具有一系列粪污处理综合系统:粪污固液分离技术(包括前分离和后分离),厌氧发酵生物技术,好氧曝气技术,沼气净化和利用技术,沼渣沼液生产复合有机肥技术,生物氧化塘技术等。我国对牛粪的无害化处理及利用有牛粪堆肥化处理和生产沼气并建立草—牛—沼生态综合利用系统等。

### 1. 堆肥发酵处理

牛粪的发酵处理是利用各种微生物的活动来分解粪中的有机成分,在发酵过程中形成的特殊理化环境也可基本杀灭粪中的病原体。主要方法有:充氧动态发酵、堆肥处理、堆肥药物处理,其中堆肥处理方法简单,无须专用设备,处理费用低,见图2-14。

图2-14　牛粪堆肥发酵处理

2. 牛粪有机肥加工

牛粪的有机肥处理为养殖场创造极其优良的牧场环境,实现优质、高效、低耗生产,可改善产品质量,提高生产效益。利用微生物发酵技术,将牛粪便经过多重发酵,使其完全腐熟,彻底杀死有害病菌,使粪便成为无臭、完全腐熟的活性有机肥,从而实现牛粪便的资源化、无害化、无机化,同时解决了肉牛场因粪便所产生的环境污染。所生产的有机肥,广泛应用于农作物种植、城市绿化以及家庭花卉种植等,见图2-15。

图2-15　牛粪有机肥加工

牛粪有机肥生产工艺如下：

牛粪便原料收集于发酵车间内 —→ 接种微生物发酵剂 —→ 发酵 —→
脱臭、脱水 —→ 加入配料,平衡氮磷钾 —→ 粉碎 —→ 包装(粉状肥)
　　　　　　　　　　　　　　　 └—→ 造粒 —→ 包装（颗粒肥）

### 3. 生产沼气

利用牛粪有机物在高温(35～55℃)、厌氧条件下经微生物(厌氧细菌)降解成沼气,同时杀灭粪水中大肠杆菌、蛔虫卵等。产生的沼气做生活能源,残渣又可做肥料。除严寒地区外我国各地都有用沼气发酵开展粪尿污水综合利用的成功经验。我国北方冬季为了提高产气率往往需给发酵罐加热,主要原因是沼气发酵在15～25℃时产气率极低,从而加大沼气成本。沼气生产见图2-16。

**图2-16 牛粪生产沼气**

### 4. 蚯蚓养殖综合利用

利用牛粪养殖蚯蚓可形成养牛—牛粪养蚯蚓—生产绿色生态肥料蚯蚓粪—促进农作物生产的良好生态链。美国、加拿大、法国等许多国家先后建立不同规模的蚯蚓养殖场。我国目前已广泛进行蚯蚓人工养殖试验和生产。

### (二)污水的处理与利用

随着养牛业的高速发展和生产效率的提高,养牛场产生的污水量也大大增加,这些污水中含有许多腐败有机物,也常带有病原体,若不妥善处理,就会污染水源、土壤等,并传播疾病。

养牛场污水处理的基本方法有物理处理法、化学处理法和生物处理法,这3种处理方法单独使用时均无法把养牛场高浓度的污水处理好,要采用综合系统处理。

1. 物理处理法

物理处理法是利用物理作用,将污水中的有机污染物质、悬浮物、油类及其他固体物分离出来,常用方法有固液分离法、沉淀法、过滤法等。固液分离法首先将牛舍内粪便清扫后堆好,再用水冲洗,这样既可减少用水量,又能减少污水中的化学耗氧量,给后段污水处理减少许多麻烦。

利用污水中部分悬浮固体其密度大于水的密度的原理使其在重力作用下自然下沉,与污水分离,此法称为沉淀法。固形物的沉淀是在沉淀池中进行的,沉淀池有平流式沉淀池和竖流式沉淀池两种。

过滤法主要是使污水通过带有孔隙的过滤器使水变得澄清的过程。养牛场污水过滤时一般先通过格栅,用以清除漂浮物(如草末、大的粪团等)之后进入滤池。

2. 化学处理法

化学处理法是根据污水中所含主要污染物的化学性质,用化学药品除去污水中的溶解物质或胶体物质,如混凝沉淀,用三氯化铁、硫酸铝、硫酸亚铁等混凝剂,使污水中的悬浮物和胶体物质沉淀而达到净化目的。

3. 生物处理法

生物处理法是利用微生物分解污水中的有机物的方法。净化污水的微生物大多是细菌,此外还有真菌、藻类、原生动物等。该法主要有氧化塘、活性污泥法、人工湿地处理。

(1)氧化塘法 亦称生物塘,是构造简单、易于维护的一种污水处理构筑物,可用于各种规模的养殖场。塘内的有机物由好氧细菌进行氧化分解,所需氧由塘内藻类的光合作用及塘的再曝气提供。氧化塘可分为好氧、兼性、厌氧和曝气氧化塘。氧化塘处理污水时一般以厌氧—兼氧—好氧氧化塘连串成多级的氧化塘,具有很高的脱氮除磷功能,可起到三级处理作用。

氧化塘优点是土建投资少,可利用天然湖泊、池塘,机械设备的能耗少,有利于废水综合利用。缺点是受土地条件的限制,也受气温、光照等的直接影响,管理不当可滋生蚊蝇,散发臭味而污染环境。

(2)活性污泥法 由无数细菌、真菌、原生动物和其他微生物与吸附的有机物、无机物组成的絮凝体称为活性污泥,其表面有一层多糖类的黏质层,对污水中悬浮态和胶态有机颗粒有强烈的吸附和絮凝能力。在有氧时其中的微生物可对有机物发生强烈的氧化和分解。

传统的活性污泥需建初级沉淀池、曝气池和二级沉淀池。即污水—初级沉淀池—曝气池—二级沉淀池—出水,沉淀下来的污泥一部分回流入曝气池,剩余的进行脱水干化。

(3)湿地处理　采用湿地净化污物的研究起始于20世纪50年代。湿地经精心设计和建造,粪污慢慢流过人工湿地,通过人工湿地的植被、微生物和碎石床生物膜,将污水中的化学耗氧量(COD)、生化需要量(BOD)、氮、磷等消除,使污水得以净化。目前国内外已开始应用天然湿地和人造湿地处理污水(图2-17)。

几乎任何一种水生植物都适合湿地系统,最常见的有水葫芦、芦苇、香蒲属和草属。某些植物如芦苇和香蒲的空心茎还能将空气输送到根部,为需氧微生物提供氧气。

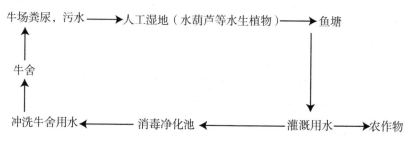

**图2-17　牛场粪尿人工湿地处理示意图**

## 二、粪便污水的综合生态工程处理——"人工生态工程"技术

工程由沉淀池—氧化池—漫流草地—养鱼塘等组成。通过分离器或沉淀池将牛粪尿、污水进行固体与液体分离,其中,固体作为有机肥还田或作为食用菌培养基,液体进入沼气厌氧发酵池。通过微生物—植物—动物—菌藻的多层生态净化系统,使污水污物净化到国家排放标准时可排放到江河或用于冲刷牛舍等。

# 第三章　肉牛标准化品种与杂交利用技术

　　品种影响产品档次,不同品种胴体切块率尤其是高档部位比例差异很大,而这种差异直接影响到肉品的档次。品种从资金的运转效率、产品的生产效率、产品的市场定位、产品的档次等方面对肉牛养殖业产生了深远的影响,而慎重地选择品种,即是从源头把握了肉牛养殖方向,为获得更高的经济效益奠定了坚实的基础。

# 第一节　国内外肉牛的主要品种

## 一、肉牛常见品种

### (一)夏洛来牛

夏洛来牛(图3-1)原产于法国的夏洛来省,最早为役用牛。夏洛来牛以生长快、肉量多、体形大、耐粗放而受到国际市场的欢迎,早已输往世界许多国家,参与新型肉牛品种的育成、杂交繁育,或在引入国进行纯种繁殖。夏洛来牛是经过长期严格的本品种选育而成的专门化大型肉用品种,骨骼粗壮,体力强大,后躯、背腰和肩胛部的肌肉发达。我国1965年开始从法国引进,至1980年年初共引入270多头种牛,分布在13个省、市、自治区,用来改良当地黄牛,效果良好。

**图3-1　夏洛来牛**

夏洛来牛的最大特点是生长快。在我国的饲养条件下,犊牛初生重公犊为48.2千克,母犊为46.0千克,初生到6月龄平均日增重为1.168千克,18月龄公犊平均体重为734.7千克。增重快,瘦肉多,平均屠宰率可达65%～68%,肉质好,无过多的脂肪。

夏洛来牛有良好的适应能力,耐寒抗热,冬季严寒不夹尾、不弓腰、不拘缩,盛夏不热喘流涎,采食正常。夏季全日放牧时,采食快,觅食能力强,全日纯采食时间为78.3%,采食量为48.5千克。在不额外补饲条件下,也能增重上膘。

夏杂一代具有父系品种特色,毛色多为乳白色或草黄色,体格略大,四肢坚实,骨骼粗壮,胸宽尻平,肌肉丰满,性情温驯,耐粗饲,易于饲养管理。夏杂一代牛生长快,初生重大,公牛为29.7千克,母牛为27.5千克。在较好的饲养条件下,24月龄体重可达494千克。

**(二)利木赞牛**

利木赞牛(图3-2)又称利木辛牛,原产于法国,是大型肉用品种。利木赞牛毛色多为一致的黄褐色,角和蹄白色。被毛浓厚而粗硬,有助于抵抗严酷的放牧条件。利木赞牛全身肌肉发达,骨骼比夏洛来牛略细。成年公牛活重900~1 100千克,母牛700~800千克,一般较夏洛来牛小。

图3-2 利木赞牛

利木赞牛最引人注目的特点是产肉性能高,胴体质量好,眼肌面积大,前、后肢肌肉丰满,出肉率高,在肉牛市场很有竞争力。在集约饲养条件下,犊牛断奶后生长很快,10月龄时体重达408千克,12月龄时约480千克。肥育牛屠宰率约65%,胴体瘦肉率为80%~85%。胴体中脂肪少(10.5%),骨量也较小(12%~13%)。该牛肉风味好,市场售价高。8月龄小牛肉就具有良好的大理石纹。

同其他大型肉牛品种相比,利木赞牛的竞争优势在于犊牛初生较小的体格、生后的快速生长能力以及良好的体躯长度和令人满意的肌肉量(出肉率)。利木赞牛适应性强,体质结实,明显早熟,补偿生长能力强,难产率低,很适宜生产小牛肉,因而在欧美不少国家的肉牛业中受到关注,且被广泛用于经济杂交来生产小牛肉。

**(三)海福特牛**

海福特牛(图3-3)原产于英国,是英国最古老的早熟中型肉牛品种之一。其特点是生长快、早熟易肥、肉品质好、饲料利用率高。我国1965年后陆续从英国引进。

图3-3　海福特牛

海福特牛体格较小,骨骼纤细,具有典型的肉用体型。头短,额宽,角向两侧平展,且微向前下方弯曲,躯干呈矩形,四肢短,毛色主要为浓淡不同的红色,并具有"六白"(即头、四肢下部、腹下部、颈下、髻甲和尾帚出现白色)的品种特征。

海福特牛肥育年龄早,增重较快,饲料利用率高。7~12月龄育成期的平均日增重,公牛为0.98千克,母牛为0.85千克,每千克增重耗混合精饲料1.23千克,干草4.13千克。肉用性能良好,一般屠宰率可达67%,净肉率为60%,脂肪主要沉积于内脏,皮下结缔组织和肌肉间脂肪较少,肉质柔嫩多汁,味美可口。海福特牛性情温驯,合群性强,耐热性较差,抗寒性强。

海福特牛具有结实的体质,耐粗饲,不挑食,放牧时连续采食,很少游走。全日粮采食时间可达79.3%,而一般牛仅为67%;日采食量达35千克,而本地牛仅为21.2千克。海福特牛很少患病,但易患裂蹄病和蹄角质增生病。

海福特牛与我国黄牛杂交,所生一代杂种牛父性遗传表现明显,为红白花或褐白花,半数一代杂种牛还具有"六白"特征,杂种牛四肢较短,身低躯广,呈圆筒形,结构良好,肌肉发达,偏于肉用型。杂种牛生长发育快,杂交效果显著,一代杂种阉牛平均日增重988克,18~19月龄屠宰率为56.4%,净肉率为45.3%。

**(四)安格斯牛**

安格斯牛(图3-4)原产于英国苏格兰北部,为英国三大无角品种牛之一,是世界著名的小型早熟肉牛品种。

安格斯牛体形小,为早熟体型,无角,头小额宽,头部清秀;体躯宽深,背腰

图 3 - 4　安格斯牛

平直,呈圆筒状,侧观呈长方形;全身肌肉丰满,骨骼细致。四肢粗短,蹄质结实。被毛富有光泽而均匀,毛色为黑色;红色安格斯牛毛色暗红或橙红,犊牛被毛呈油亮红色。成年公牛体重为 800 ~ 900 千克,母牛为 500 ~ 600 千克。红色安格斯牛的成年体重略低于黑色安格斯牛。

安格斯牛通常在 12 月龄可达到性成熟,18 ~ 20 月龄可初次交配,连产性好。母牛乳房较大,年泌乳量为 639 ~ 717 千克。

该牛对环境适应性好,抗寒。耐粗饲,但在粗饲料利用能力上不如海福特牛。母牛稍有神经质,易于受惊,但是红色安格斯牛这方面的缺点不太严重。利用黑色安格斯牛与我国黄牛杂交,杂种一代牛被毛黑色,无角的遗传性很强。杂种一代牛体形不大,结实,头小额宽,背腰平直,肌肉丰满。初生重和 2 岁重比本地牛分别提高 38.71% 和 76.06%。杂种一代在山地放牧,动作敏捷,爬坡能力强,步伐轻快,吃草快,但较神经质,易受惊。在一般营养水平下饲养,其屠宰率为 50%,精肉率为 36.91%。

**(五)皮埃蒙特牛**

皮埃蒙特牛(图 3 - 5)原产于意大利波河平原的皮埃蒙特地区。

皮埃蒙特牛属中型肉牛,是瘤牛的变种。全身毛色灰白,鼻镜、眼圈、耳尖、肛门、阴门周围、尾帚为黑毛。犊牛被毛为乳黄色,以后逐渐变为灰白色。牛体躯呈圆筒形,全身肌肉丰满,颈短粗,复背复腰,臀部肌肉凸出,双臀。成年公牛体高 140 ~ 150 厘米,体重 800 ~ 1 000 千克;母牛体高 130 厘米,体重 500 ~ 600 千克;犊牛初生重,公牛 42 千克,母牛 40 千克。

皮埃蒙特牛早期增重快,皮下脂肪少,屠宰率和瘦肉率高,饲料报酬高,肉嫩、色红、皮张弹性度极高。0 ~ 4 月龄日增重为 1.3 ~ 1.4 千克,周岁体重达

图 3-5　皮埃蒙特牛

400～500 千克,屠宰率为 65%～72.8%,净肉率为 66.2%,胴体瘦肉率为 84.10%,骨 13.6%,脂肪 1.5%。平均每增重 1 千克耗精饲料 3.1～3.5 千克,皮埃蒙特牛 280 天产奶量为 2 000～3 000 千克。

皮埃蒙特牛不仅肉用性能好,且抗体外寄生虫,耐体内寄生虫,耐热,皮张质量好,但易发生难产。

### 二、兼用牛品种

#### (一)西门塔尔牛

西门塔尔牛(图 3-6)原产于瑞士,是大型乳、肉、役三用品种。自 1957 年起我国分别从瑞士、德国引入西门塔尔牛,分布于黑龙江、内蒙古、河北、山东、浙江、湖南、四川、青海、新疆和西藏等 26 个省、自治区。西门塔尔牛耐粗饲,适应性很强。

图 3-6　西门塔尔牛

西门塔尔牛属宽额牛,角为左右平出、向前扭转、向上外侧挑出。西门塔尔牛属欧洲大陆型肉用体型,体表肌肉群明显易见,臀部肌肉充实,股部肌肉深,多呈圆形。毛色为黄白花或红白花,身躯常有白色胸带,腹部、尾梢、四肢在飞节和膝关节以下为白色。

西门塔尔牛在培育阶段生长良好,13~18月龄青年牛,平均日增重达505克。青年公牛在此阶段的平均日增重为974克。杂种牛的适应性明显优于纯种牛。1982年年初对西门塔尔杂种牛进行肥育试验,用一代和二代阉牛做45天肥育对比,于1.5岁时屠宰,平均日增重:一代牛为864.8克,二代牛为1 134.3克。另外,从6月初到9月末的4个月放牧试验表明,一代西杂阉牛平均日增重为1 085克。

**(二)短角牛**

短角牛(图3-7)原产于英国,有肉用和乳肉兼用两种类型。我国1920~1974年引入100余头,主要分布于内蒙古自治区、吉林省的西部和河北省的张家口等地区。

图3-7 短角牛

短角牛四肢较短,躯干长,被毛卷曲,多数呈紫红色。大部分都有角,角形外伸、稍向内弯、大小不一。颈短粗厚。胸宽而深,胸围大,垂皮发达。

由于短角牛性情温驯,不爱活动,尤其放牧吃饱后常卧地休息,所以上膘快,如喂精饲料,则易肥育,肉质较好。对18月龄肥育牛屠宰测定,平均日增重614克,宰前体重为396.12千克,胴体重206.35千克,屠宰率为55.9%,净肉重174.25千克,净肉率为46.4%,骨重占胴体重的9.51%。眼肌面积82厘米$^2$。

短角牛对不同的风土、气候较易适应,耐粗饲,发育较快,成熟较早,抗病力强,繁殖率高。

利用短角牛公牛与吉林、内蒙古、河北和辽宁等地的蒙古母牛杂交,在产肉性能及体格增大方面已得到显著效果,并在杂交的基础上培育成草原红牛新品种。

### 三、我国主要黄牛品种

#### (一)秦川牛

秦川牛(图3-8)产于陕西省关中地区,与南阳牛、鲁西牛、晋南牛、延边牛共为我国黄牛五大品种。以渭南、临潼、蒲城、富平、大荔、咸阳、兴平、乾县、礼泉、泾阳、三原、高陵、武功、扶风、岐山15个县、市为主产区。陕西省的渭北高原以及甘肃省的庆阳地区也有少量分布。

图3-8 秦川牛

秦川牛属大型役肉兼用品种。毛色有紫红、红、黄3种,以紫红和红色者居多。鼻镜多呈肉红色。体格大,各部位发育匀称,骨骼粗壮,肌肉丰满,体质健壮,头部方正,肩长而斜,胸部宽深,肋长而开张,背腰平直宽广,长短适中,荐骨部稍隆起。后躯发育稍差。四肢粗壮结实,两前肢间距较宽,有外弧现象,蹄叉紧。

15头6月龄牛的肥育试验,在中等饲养水平下,饲养325天,平均日增重为:公牛700克,母牛550克,阉牛590克。9头18月龄牛的平均屠宰率为58.3%,净肉率为50.5%,胴体产肉率为86.3%,骨肉比为1:6,眼肌面积97.0厘米$^2$。秦川牛的肉质细嫩,柔软多汁,大理石状纹理明显。

#### (二)南阳牛

南阳牛(图3-9)产于河南省南阳市白河和唐河流域的广大平原,以南阳市郊区、唐河、邓州、新野、镇平、社旗、方城等8个县、市为主要产区。许昌、周口、驻马店等地分布也较多。此外,开封和洛阳等地有少量分布。

图3-9　南阳牛

南阳牛属大型役肉兼用品种。体格高大,肌肉发达,结构紧凑,体质结实。皮薄毛细,行动迅速。鼻镜宽,口大方正,角形较多。公牛颈侧多有皱襞,肩峰隆起8~9厘米。南阳牛的毛色有黄、红、白3种,以深浅不等的黄色为最多。一般牛的面部、腹下和四肢下部毛色较浅。鼻镜多为肉红色,其中部分带有黑点,黏膜多数为淡红色。蹄壳以黄蜡色、琥珀色带血筋者较多。南阳牛四肢健壮,性情温驯,役用性能强。

南阳牛生长快,肥育效果好,肌肉丰满,肉质细嫩,颜色鲜红,大理石状纹理明显,味道鲜美,肉用性能良好。

多年来,南阳市已向全国22个省、市提供良种南阳牛4 550头,种牛17 000多头,杂交效果较好,杂种牛体格大,结构紧凑,体质结实,生长发育快,采食能力强,耐粗饲,适应本地生态环境,鬐甲较高,四肢较长,行动迅速,役用能力好,毛色多为黄色,具有父本的明显特征。

**(三)鲁西牛**

鲁西牛(图3-10)主要产于山东省西南部的菏泽、济宁地区,即北至黄河,南至黄河故道,东至运河两岸的三角地带。产于聊城市南部和泰安地区西南部的鲁西牛,品质略差。

鲁西牛体躯结构匀称,细致紧凑,具有较好的肉役兼用体型。公牛多为平角或龙门角,母牛角形多样,以龙门角较多。垂皮较发达,后躯发育较差。被毛从浅黄到棕红色都有,一般牛前躯毛色较后躯为深,多数牛有完全或不完全

图 3 - 10　鲁西牛

的"三粉"特征,即眼圈、口轮、腹下到四肢内侧色淡,鼻镜与皮肤多为淡肉红色。多数牛尾帚毛与体毛颜色一致,少数牛在尾帚长毛中混生白毛或黑毛。鲁西牛体形高大,体躯较短,胸部发育好,骨骼细致,管围指数小,屠宰率较高。

　　鲁西牛成熟较晚,当地群众有"牛发齐口"之说,一般牛多在齐口后才停止发育。其性情温驯,易管理。在加少量麦秸、每天补喂 2 千克精饲料(豆饼40%,麸皮60%)的条件下,对 1.0 ~ 1.5 岁牛进行肥育,平均日增重 610 克。一般屠宰率为 53% ~ 55%,净肉率为 47%。据菏泽地区对 14 头肥育牛的屠宰测定,18 月龄 4 头公牛和 3 头母牛的平均屠宰率为 57.2%,净肉率为49.0%,骨肉比为 1:6,脂肉比为 1:42.3,眼肌面积 89.1 厘米$^2$。成年牛(4 头公牛,3 头母牛)的平均屠宰率为 58.1%,净肉率为 50.7%,骨肉比为 1:6.9,脂肉比为1:37.0,眼肌面积94.2 厘米$^2$。肉用性能良好,皮薄骨细,产肉率较高,肌纤维细,脂肪分布均匀,呈明显的大理石状花纹。

　　鲁西牛繁殖能力较强。母牛性成熟早,公牛性成熟较母牛稍晚,一般 1 岁左右可产生成熟精子,2.0 ~ 2.5 岁开始配种。自有记载以来,鲁西牛从未流行过焦虫病,有较强的抗焦虫病能力。鲁西牛对高温适应能力较强,对低温适应能力则较差。

　　**(四)晋南牛**

　　晋南牛(图 3 - 11)产于山西省西南部汾河下游的晋南盆地,包括万荣、河津、临猗、永济、运城、夏县、闻喜、芮城、新绛、侯马、曲沃、襄汾等县、市。其中以万荣、河津和临猗三县的数量最多,质量最好。

　　晋南牛属大型役肉兼用品种。毛色以枣红为主,鼻镜和蹄趾多呈粉红色。晋南牛体格粗壮,胸围较大,体较长,胸部及背腰宽阔,成年牛前躯较后躯发达。

图 3 - 11　晋南牛

晋南牛属于晚熟品种,6 月龄以内的哺乳犊牛生长发育较快,6 月龄至 1 岁生长发育减慢,日增重明显降低。晋南牛的产肉性能良好,平均屠宰率为 52.3%,净肉率为 43.4%。

晋南牛用于改良我国一般黄牛,效果较好。从对山西本省其他黄牛改良的情况看,改良牛的体尺和体重都大于当地牛,体型和毛色也酷似晋南牛,表明晋南牛的遗传相当稳定。

**(五)延边牛**

延边牛(图 3 - 12)主要产于吉林省延边朝鲜族自治州的延吉、和龙、汪清、珲春及毗邻各县,分布于黑龙江省的牡丹江、松花江、合江流域的宁安、海林、东宁、林口、汤原、桦南、桦川、依兰、勃利、五常、尚志、延寿和通河等地以及辽宁省宽甸县沿鸭绿江一带朝鲜族聚居的水田地区。

图 3 - 12　延边牛

延边牛属寒温带山区的役肉兼用品种。体质结实,适应性强。胸部深宽,骨骼坚实,被毛长而密,皮厚而有弹力。毛色多呈浓淡不同的黄色,鼻镜一般呈淡褐色,带有黑斑点。成年牛的体尺、体重较大,是我国的大型牛之一。

延边牛在较好的饲料条件下,18月龄公牛经180天肥育,宰前体重460.7千克,胴体重265.8千克,屠宰率为57.7%,净肉率为47.2%,平均日增重813克,眼肌面积75.8厘米$^2$。延边牛的肉质柔嫩多汁,鲜美适口,大理石状斑纹明显。

### (六)蒙古牛

蒙古牛(图3-13)原产于蒙古高原,分布于内蒙古、黑龙江、新疆、河北、山西、陕西、宁夏、甘肃、青海、吉林和辽宁等省、自治区。

图3-13 蒙古牛

蒙古牛既是种植业的主要动力,又是部分地区汉族、蒙古族等民族的乳和肉食的重要来源,在长期不断地进行人工选择和自然选择的情况下,形成现在的品种,蒙古牛短宽而粗重,角长,向上前方弯曲,呈蜡黄或青紫色,角质致密有光泽。肉垂不发达,鬐甲低下,胸扁而深,背腰平直,后躯短窄,尻部倾斜,四肢短、蹄质坚实。从整体看,前躯发育比后躯好,皮肤较厚,皮下结缔组织发达,毛色多为黑色或黄色。由于蒙古牛处在寒冷风大的生态条件下,使其形成了胸深、体矮、胸围大、体躯长、结构紧凑的肉乳兼用体型。

蒙古牛的产肉性能受营养影响很大。中等营养水平的阉牛平均宰前体重376.9千克,屠宰率为53.0%,净肉率为44.6%,骨肉比为1:5.2,眼肌面积为56.9厘米$^2$。

蒙古牛有两个优良类群,一个类群是乌珠穆沁牛,是在锡林郭勒盟乌珠穆沁草原肥美的水草条件下,蒙古族牧民长期人工选择形成的。具有体质结实、适应性强等特点,以肉质好、乳脂率高等性状而著称。乌珠穆沁牛的肉用性能:2.5岁阉牛肥育69天,宰前体重326千克,屠宰率为57.8%,净肉率为

49.6%,眼肌面积40.5厘米$^2$;3.5岁阉牛肥育71天,宰前体重345.5千克,屠宰率为56.5%,净肉率为47.0%,眼肌面积为52.9厘米$^2$。另一类群是安西牛,长期繁衍在素有"世界风库"之称的甘肃省瓜州县,未经肥育的10岁安西阉牛,屠宰率为41.2%,净肉率为35.6%。

# 第二节　肉牛的杂交利用

## 一、肉牛杂交改良的方法

牛不同品种甚至同品种不同品系之间的交配均可使后代获得杂交优势,明显地降低饲养管理成本和提高生长发育(包括育肥)速度,从而获得优良的商品牛肉,获得更佳的经济效益。杂交技术在当今世界肉牛业中被广泛采用。

一些强调品牌、品种的牛肉,例如日本黑色和牛牛肉或安格斯牛牛肉,采取该品种内不同品系间交配来取得纯种繁育中尽可能得到的"杂交"优势,但比起真正品种之间杂交所显示的优势仍低得多。

### (一)二元杂交

二元杂交利用又称经济杂交,这个杂交体系是利用两个优良品种的"强强"配合,获得既具备两亲本的优良性状又有明显杂交优势的后代作为商品肉牛。二元杂交体系必须维持纯种牛群才能实现,生产杂交系品种可购入精液站(育种中心、种公牛站等)提供的商品精液解决。同时,生产场还必须维持纯种母牛群才能利用购入的精液,并且这群纯种母牛群必须将相当一部分纯种母牛留作纯种繁殖,生产后备纯种母牛来补充本群老残、淘汰的纯种母牛。这些后备母牛必须留有相当选择余地才能保证纯种母牛群不致退化,所以二元杂交体系的生产实践并不简单,并且生产理想商品后代育肥牛的效率相当低,牛的繁殖成活率很少达到90%。即便以90%计算,商品率(年商品牛数/纯种母牛总数)也仅为48.46%,并且随着繁殖成活率的下降而下降,当繁殖成活率下降到50%时,商品率仅为17.69%。牛群结构和商品率见表3-1至表3-3。

表 3-1 各种杂交体系母牛群结构(%)

| 杂交体系 | 繁殖成活率 | 纯种母牛群 | | | | 两品种杂种牛 | | 三品种杂种牛 | |
| --- | --- | --- | --- | --- | --- | --- | --- | --- | --- |
| | | 总数 | 适龄母牛 | 用于本群纯种繁殖的母牛 | 用于生产杂种一代的母牛 | 总数 | 适龄母牛 | 总数 | 适龄母牛 |
| 二元 | 90 | 100 | 76.92 | 27.07 | 53.85 | | | | |
| | 50 | 100 | 76.92 | 41.54 | 35.28 | | | | |
| 三元(二元终端公牛) | 90 | 24.10 | 18.54 | 5.56 | 12.97 | 75.90 | 58.39 | | |
| | 50 | 46.51 | 35.78 | 19.32 | 16.46 | 53.49 | 41.14 | | |
| 二元轮回 | 90 | | | | | 100 | 76.92 | | |
| | 50 | | | | | 100 | 76.92 | | |
| 三元轮回 | 90 | | | | | | | 100 | 76.92 |
| | 50 | | | | | | | 100 | 76.92 |

注:此表的数据计算是:①假设母牛平均利用年限为 13 周岁(10 胎次)。②27 月龄产第一胎犊。③纯种母牛后备牛选择率按 74% 计算,即每年从 27 头母牛犊中选留 20 头作为后备牛。

表 3-2 各种杂交体系提供商品牛比较(%)

| 杂交体系 | 繁殖成活率 | 主商品牛 | | 副商品牛 | | | | |
| --- | --- | --- | --- | --- | --- | --- | --- | --- |
| | | 两品种杂种 | 三品种杂种 | 纯种小牛 | 纯种老残牛 | 两品种杂种小牛 | 两品种杂种老牛 | 三品种杂种老残牛 |
| 二元 | 90 | 48.46 | | 13.08 | 7.69 | | | |
| | 50 | 17.69 | | 13.08 | 7.67 | | | |
| 三元(三元终端公牛) | 90 | | 52.55 | 3.15 | 1.85 | 5.84 | 5.84 | |
| | 50 | | 20.57 | 6.08 | 3.58 | 4.11 | 4.11 | |
| 二元轮回 | 90 | 61.54 | | | | | 7.69 | |
| | 50 | 30.77 | | | | | 7.69 | |
| 三元轮回 | 90 | | 61.54 | | | | | 7.69 |
| | 50 | | 30.77 | | | | | 7.69 |

表 3 - 3    各种杂交体系杂交利用率比较(%)

| 母牛繁殖成活率 | 二元杂交 | | 三元杂交 | | 二元轮回 | | 三元轮回 | |
|---|---|---|---|---|---|---|---|---|
| | 杂交利用率 | 比较 | 杂交利用率 | 比较 | 杂交利用率 | 比较 | 杂交利用率 | 比较 |
| 90 | 55.73 | 100 | 77.02 | 138.2 | 78.92 | 141.61 | 82.38 | 147.82 |
| 50 | 20.34 | 100 | 34.34 | 168.83 | 43.84 | 215.54 | 45.77 | 225.02 |

注:①杂交利用率 = 商品率 × (1 + 杂交优势)。②本表未考虑纯种牛与杂种牛作为商品肉牛的价格差别。

## (二)三元杂交

三元杂交又名二元杂交终端公牛体系。三元杂交体系是利用 3 个性能良好配套(组合效果良佳)的品种,对第一级杂交所产母牛进行第二级杂交,第二级杂交所得的全部杂种后代作为商品肉牛。应用这个体系的肉牛繁殖和二元杂交体系一样,必须维持一个品种的纯种母牛,由第一级杂交所得的杂种一代母牛全部作为与第三品种公牛交配(输精)产生三元杂交的商品肉牛。这个体系商品率高于二元体系,当繁殖成活率为 90% 时,生产商品率为 52.55%;当繁殖成活率下降到 50% 时,生产商品率降到 20.57%。牛群结构和商品率见表 3 - 1 至表 3 - 3。

## (三)轮回杂交

从理论计算,轮回杂交体系是商品率最高、综合效益最好的杂交体系。因为从事轮回杂交的生产性牛场不必维持纯种母牛群,因此不必需产品所占比例少;各不同血缘成分的杂种母牛的后备牛选择余地远较上述两体系大得多,所以杂种母牛群的品质有可能随轮回过程进展而按人类的选择意向逐渐提高,因此为形成新品种创造条件。一般有二元(两品种)轮回和三元(三品种)轮回两种体系。若再多品种参与轮回,则其获得的杂交优势并不会较三元轮回好多少,却使血缘比例有差别的杂种母牛类群随参与轮回的品种增加而增多,造成牛群管理和记录档案等管理工作的复杂而得不偿失。

### 1. 二元轮回杂交

二元轮回体系保持着两个血缘差别的杂种母牛群来维持杂交体系的存在与持续,一个杂种母牛群含另一品种血缘2/3,含第二品种血缘1/3,和第二品种公牛交配,所得杂种公牛全部作为商品肉牛,其选留优良的母牛作为另一群杂种母牛的补充(后备牛),其余也作为商品牛。第二群杂种母牛血缘含第一品种1/3和第二品种血缘2/3,这群母牛与第一品种公牛交配,产生含第一品种血缘 2/3 的小公牛全部作为商品牛，其含第一品种血缘 2/3 和第二品种 1/3 的优秀母牛作为第一群杂种母牛淘汰老残牛的补充（后备牛），如此轮回往复。二元轮回杂交体系产品血缘稳定要经过 12～15 年轮回 5 次以上才初步达到。

2. 三元轮回杂交

三元轮回杂交与两品种轮回原理与过程均一样，但需要采用 3 个品种。由于 3 个品种轮流对相应杂种母牛交配而最终形成各有侧重血缘成分的 3 个杂种母牛群，参与杂交的品种多，所以获得的杂交优势更高，因而经济效益更明显。同样，由于牛的世代间隔长，所以形成稳定的血缘成分的 3 个杂种母牛群所需轮回次数与二元体系一样，但时间要增加 1/30。

### 二、各种杂交体系比较

对于肉牛育肥生产牛肉而言，各个杂交体系由于其主商品牛均获得杂交优势，均较纯种繁殖所得商品牛抗病力强、增重快、饲料转化率高，并且胴体与牛肉质量优良，所以可减少饲草、精饲料、医药、人工开支。由于增重快，缩短圈存期，提高了厩舍场地各项设施及人员的利用率，因而成本下降，经济效益增加。

从表 3-1 可见，轮回杂交的牛群结构由于不需考虑维持纯种群的最低比例，不随牛群繁殖成活率的变动而变动，所以管理并不复杂。另外，随参与品种的增加，使牛群头数增加，相应的管理工作也会增加。轮回方法不一定较简单二元杂交及三元杂交复杂。

从表 3-2 可清楚地看到，轮回杂交提供主商品率较高，二元轮回优于二品种简单经济杂交，副产品少，并且主产品商品率优于三元杂交体系。这几种方式分析以三元轮回最优。

不同杂交体系所获得的杂交优势存在差别，同样参与体系品种数轮回体系优势率低于一般杂交，同时考虑商品率与优势率的理论计算值。从表 3-3 可见，以二元杂交或三元杂交所计算的"杂交利用率"作为 100% 时，明显地显示出三元轮回最佳，甚至二元轮回也优于三元杂交。

虽然建立轮回稳定过程较长，但最初也只相当于简单杂交。由于不必考虑保留纯种群，所以其可操作性会更佳。由于所有杂种母牛群选留后备牛的裕度高度宽松，并受繁殖成活率干扰的程度少，所以每轮回一周，各群母牛性状的改进远优于简单杂交，具有潜在育成理想新品种的可能性。专门以饲养母牛给市场提供商品架子牛的繁殖肉牛场,不妨选择轮回体系,以三品种轮回最为可取。

### 三、杂交运作中的注意事项

1. 选择杂交组合

在明确的市场需要(对牛肉性质的需要)下选择杂交组合,因为不同品种的组合,其提供的主商品肉牛的类型是不一样的。在选择参与杂交组合的品种时,既要考虑目前市场需要,也要预测市场的发展方向。生产不同商品肉牛类型的杂交品种组合参见表3-4。

表3-4　生产不同商品肉牛类型的杂交品种组合

| 杂交组合 | "雪花牛肉"型(肌肉内高脂肪型) | 中间型 | 瘦肉型(低脂型) |
|---|---|---|---|
| 二元杂交(包括轮回) | 安格斯、海福特 | 西门塔尔、利木赞 | 皮埃蒙特、比利时蓝白花 |
| | 安格斯、我国良种前列黄牛(晋南牛、鲁西牛或秦川牛) | 西门塔尔、夏洛来 | 夏洛来、利木赞 |
| | 安格斯、黑色和牛(日本) | 西门塔尔、肉用短角 | 比利时蓝白花、夏洛来 |
| | 墨瑞灰、婆罗格斯 | 圣格鲁迪、抗旱王 | 皮埃蒙特、婆罗门 |
| 三元轮回 | 我国良种前列黄牛(晋南牛、鲁西牛或秦川牛)安格斯、黑色和牛 | 西门塔尔、利木赞、肉用短角 | 皮埃蒙特、比利时蓝白花、夏洛来 |
| | 我国良种前列黄牛、海福特、安格斯 | 西门塔尔、夏洛来、利木赞 | 皮埃蒙特、比利时蓝白花、利木赞 |
| | 墨瑞灰、婆罗格斯、圣格鲁迪 | 圣格鲁迪、抗旱王、婆罗福特 | 皮埃蒙特、抗旱王、婆罗门 |

| 杂交组合 | "雪花牛肉"型(肌肉内高脂肪型) | 中间型 | 瘦肉型(低脂型) |
|---|---|---|---|
| 三元杂交<br>(二元终端公牛体系) | 我国良种前列黄牛、黑色和牛、(终端)安格斯 | 西门塔尔、肉用短角、(终端)利木赞 | 夏洛来、比利时蓝白花、(终端)皮埃蒙特 |
| | 我国良种前列黄牛、海福特、(终端)安格斯 | 荷斯坦、利木赞、(终端)西门塔尔 | 利木赞、皮埃蒙特、(终端)比利时蓝白花 |
| | 婆罗格斯、圣格鲁迪、(终端)墨瑞灰 | 抗旱王、婆罗福特、(终端)圣格鲁迪 | 婆罗门、抗旱王、(终端)皮埃蒙特 |

由于采用引进外国纯种母牛来起始的各种杂交体系的成本非常高,可以利用价格较低廉的任何母牛作为起始品种母牛群。例如,计划在河南省生产瘦肉类群商品肉牛,则开始利用河南省当地母牛为基础,应用购入冷冻输精办法,经每次轮回的血缘改进,待12~15年后,即全场母牛血缘成分均转变成二类群(二元杂交)或三类群(三元杂交)轮回母牛群,而起始的劣种及含较多劣种血缘的母牛,均在这过程中逐步淘汰完毕。

2. 避免近亲繁殖

为了避免近亲繁殖,所有做繁殖用母牛必须编号建立个体档案,其内容必须含有祖代、父母代、外祖代的牛号品种,以便明晰其血缘。与配公牛(精液)也应有祖代、父母代、外祖代的品种以及牛号。在这些记录对照下没有血缘关系的才适于交配,否则近亲的血缘会抵消杂交所带来的优势。

不得引用未经种用鉴定的、来源不明的公牛给母牛配种(尽管其品种与轮回计划相同)。

3. 合理营养水平

合理营养水平是符合正常生长发育需要的营养水平饲喂与科学饲养管理,使品种和杂交应有的生产性状能表达,维持高繁殖能力。营养水平过高(常见),会造成母牛发胖和抗病力与繁殖力下降;营养水平过低(更常见),则许多肉用性状特点不能表达,而原始特征得到表达,繁殖力下降,使繁殖群的选留、淘汰工作不准确,带来巨大损失。不同类型(瘦肉型、脂肪型)母牛的营养需要有一定差别,喂养时应有一定的侧重。

# 第四章　肉牛的营养需要与饲料标准化配制

　　肉牛需要的营养物质可分为维持营养需要和生产营养需要两部分。根据生理阶段和生产目的,营养需要又划分为生长育肥牛、妊娠牛、哺乳牛和种公牛 4 个生理阶段的营养需要。

　　牛的日粮组成以青粗饲料为主,牛单以青粗饲料为日粮时,很少发生消化器官疾病,但不用精饲料来调节营养,则牛的增重育肥和产奶的效率均很差。随着精饲料增加,产品数量和质量增加的同时,牛的消化系统疾病以及代谢病会成倍地增加。精饲料超过 50% 开始对牛有害,精饲料水平占 85% 已是极限。采取高精饲料来取得优质牛肉时,必须做好精饲料的加工调配。加入缓冲剂(如小苏打与氧化镁合剂)和瘤胃发酵调节剂(如泰乐菌素、抗菌肽、莫能菌素等)能减轻或避免精饲料过多的危害。

# 第一节 肉牛的营养物质需要

## 一、肉牛对干物质的需要

肉牛的干物质进食量（DMI）受体重、增重速度、饲料能量浓度、日粮类型、饲料加工、饲养方式和气候因素的影响。

根据国内的各方面试验和测定资料汇总得出,日粮代谢能浓度为 8.4 ~ 10.5 兆焦/千克干物质时,生长育肥牛参考的干物质需要量计算公式为:

DMI(千克) = $0.062W^{0.75}$ + (1.529 6 + 0.003 71 × $W$) × $G$

式中: $W^{0.75}$ 为代谢体重(千克),即体重的 0.75 次方; $W$ 为体重(千克); $G$ 为日增重(千克)。

妊娠后半期母牛参考的干物质进食量计算公式为:

DMI(千克) = $0.062W^{0.75}$ + (0.790 + 0.005 587 × $t$)

式中: $W^{0.75}$ 为代谢体重(千克),即体重的 0.75 次方; $t$ 为妊娠天数(天)。

哺乳母牛供参考的干物质进食量计算公式为:

DMI(千克) = $0.062W^{0.75}$ + 0.45FCM

式中: $W^{0.75}$ 为代谢体重(千克),即体重的 0.75 次方;FCM 为 4% 乳脂标准乳预计量(千克)。

## 二、肉牛对粗纤维的需要

为了保证肉牛的日增重和瘤胃正常发酵功能,日粮中粗饲料应占 40% ~ 60%,含有 15% ~ 17% 的粗纤维(CF),19% ~ 21% 的酸性洗涤纤维(ADF),25% ~ 28% 的中性洗涤纤维(NDF),并且饲粮内中性洗涤纤维总量的 75% 必须由粗饲料来提供。

## 三、肉牛对能量的需要

1. 生长育肥牛的能量需要

(1) 维持需要  全舍饲、中立温度、有轻微活动和无应激的环境条件下,维持净能(NEm)需要为:

NEm[兆焦/(天·头)] = $0.322W^{0.75}$

式中: $W^{0.75}$ 为代谢体重(千克)。当气温低于 12℃时,每降低 1℃,维持能量需要增加 1%。

（2）增重的净能需要

$NEg[兆焦/(天·头)] = (2.092 + 0.025\ 1 \times W) \times G/(1 - 0.3 \times G)$

式中：$W$ 为体重（千克）；$G$ 为日增重（千克）。

（3）生长育肥肉牛的综合净能（NEmf）需要

$NEmf[兆焦/(天·头)] = [0.322W^{0.75} + (2.092 + 0.025\ 1 \times W) \times G/(1 - 0.3 \times G)] \times F$

式中：$W^{0.75}$ 为代谢体重（千克）；$F$ 为不同体重和日增重的肉牛综合净能需要的校正系数，见表 4 - 1；$W$ 为体重（千克）；$G$ 为日增重（千克）。

表 4 - 1　不同体重和日增重的肉牛综合净能需要的校正系数

| 体重（千克） | 日增重（千克） | | | | | | | | | | | |
|---|---|---|---|---|---|---|---|---|---|---|---|---|
| | 0 | 0.3 | 0.4 | 0.5 | 0.6 | 0.7 | 0.8 | 0.9 | 1.0 | 1.1 | 1.2 | 1.3 |
| 150~200 | 0.850 | 0.960 | 0.965 | 0.970 | 0.975 | 0.978 | 0.988 | 1.000 | 0.020 | 1.040 | 1.060 | 1.080 |
| 225 | 0.864 | 0.974 | 0.979 | 0.984 | 0.989 | 0.992 | 1.002 | 1.041 | 1.034 | 1.054 | 1.074 | 1.094 |
| 250 | 0.877 | 0.987 | 0.992 | 0.997 | 1.002 | 1.005 | 1.015 | 1.027 | 1.047 | 1.067 | 1.087 | 1.107 |
| 275 | 0.891 | 1.001 | 1.006 | 1.011 | 1.016 | 1.019 | 1.029 | 1.041 | 1.061 | 1.081 | 1.101 | 1.121 |
| 300 | 0.904 | 1.014 | 1.019 | 1.024 | 1.029 | 1.032 | 1.042 | 1.054 | 1.074 | 1.094 | 1.114 | 1.134 |
| 325 | 0.910 | 1.020 | 1.025 | 1.030 | 1.035 | 1.038 | 1.048 | 1.060 | 1.080 | 1.100 | 1.120 | 1.140 |
| 350 | 0.915 | 1.025 | 1.030 | 1.035 | 1.040 | 1.043 | 1.053 | 1.065 | 1.085 | 1.105 | 1.125 | 1.145 |
| 375 | 0.921 | 1.031 | 1.036 | 1.041 | 1.046 | 1.049 | 1.059 | 1.071 | 1.091 | 1.111 | 1.131 | 1.151 |
| 400 | 0.927 | 1.037 | 1.042 | 1.047 | 1.052 | 1.055 | 1.065 | 1.077 | 1.097 | 1.117 | 1.137 | 1.157 |
| 425 | 0.930 | 1.040 | 1.045 | 1.050 | 1.055 | 1.058 | 1.068 | 1.080 | 1.100 | 1.120 | 1.140 | 1.160 |
| 450 | 0.932 | 1.042 | 1.047 | 1.052 | 1.057 | 1.060 | 1.070 | 1.082 | 1.102 | 1.122 | 1.142 | 1.162 |
| 475 | 0.935 | 1.045 | 1.050 | 1.055 | 1.060 | 1.063 | 1.073 | 1.085 | 1.105 | 1.125 | 1.145 | 1.165 |
| 500 | 0.937 | 1.047 | 1.052 | 1.057 | 1.062 | 1.065 | 1.075 | 1.087 | 1.107 | 1.127 | 1.147 | 1.167 |

2. 母牛的能量需要

（1）肉用生长母牛的能量需要　肉用生长母牛的维持净能需要为：$0.322 \times W^{0.75}[兆焦/(天·头)]$，增重净能需要按照生长育肥牛的 110% 计算。

（2）怀孕后期母牛的能量需要　维持净能：$NEm[兆焦/(天·头)] = 0.322W^{0.75}$

胎儿增重所需净能具体如下。

不同妊娠天数($t$)、每千克胎增重需要的维持净能为：

NEm[兆焦／(天·头)] = 0.197 69$t$ - 11.761 22

不同妊娠天数($t$)、不同体重($W$)母牛的胎日增重为：

$G$(千克) = (0.008 79$t$ - 0.854 54) × (0.143 9 + 0.000 355 8$W$)

怀孕后期母牛的综合净能需要为：

NEmf[兆焦／(天·头)] = [0.322$W^{0.75}$ + (0.008 79$t$ - 0.854 54) × (0.143 9 + 0.000 355 8$W$) × (0.197 69$t$ - 11.761 22)] × $F$

(3)哺乳母牛的能量需要　泌乳期每增加1千克体重需要产奶净能25.1兆焦。减重用于产奶的利用率为82%,故每减重1千克能产生20.59兆焦产奶净能,即产6.56千克标准乳。干奶期母牛增重(不含胎儿)1千克,则需33.5兆焦产奶净能。

### 四、蛋白质的需要

1. 生长育肥牛的粗蛋白质需要

维持需要粗蛋白质[克／(天·头)]:5.5 × $W^{0.75}$。

增重需要粗蛋白质[克／(天·头)]:$G$ × (168.07 - 0.168 69$W$ + 0.000 163 3$W^2$) × (1.12 - 0.123 3$G$)/0.34。

式中:$G$ 为日增重(千克),$W$ 为体重(千克)。

生长育肥牛的粗蛋白质需要为:维持需要 + 增重需要。

2. 繁殖母牛的粗蛋白质需要

维持需要粗蛋白质[克／(天·头)]为4.6 × $W^{0.75}$。

怀孕后期母牛的粗蛋白质需要在维持需要的基础上怀孕第6~9个月,每天每头分别增加粗蛋白质77克、145克、255克和403克。

哺乳母牛的粗蛋白质需要在维持需要的基础上,按每千克4%乳脂率的标准乳(FCM)需要粗蛋白质85克来提供粗蛋白质,即标准乳 = (0.4 + 15 × 乳脂率%) × 鲜奶产量(千克),粗蛋白质需要 = 4.6 × $W^{0.75}$ + 85 × 标准乳。

### 五、肉牛对矿物质的需要

1. 常量矿物质

肉牛对常量元素需要量较大,体组织内含量高,包括钙、磷、钠、氯、钾、镁和硫。在计量时多用克来表示,计算日粮结构时用百分比。

(1)钙　肉牛在十二指肠吸收饲料钙,主要用于合成骨髓、牙齿和牛奶。

钙参与神经传导,维持肌肉正常兴奋性。犊牛缺乏钙易引起佝偻病。成年牛缺乏易引起骨软症,并出现明显的啃石头、舔土等异食现象。但钙过量会影响日增重和对镁与锌的吸收。肉牛对钙的需要量[克/(天·头)]为[0.015×体重(千克)+0.071×日增重蛋白质(克)+1.23×日产奶量(千克)+0.137×日胎儿生长(克)]/0.5 日增重蛋白质(克)为[268-29.4 增重净能(兆焦)/千克增重]×日增重(克)。

粗饲料的含钙量高于精饲料,以粗饲料为主的肉牛一般不易缺钙,但喂秸秆时易缺乏,因秸秆中的钙不易被吸收。对精饲料为主的育肥肉牛,应注意补充钙。可用碳酸钙、石粉、磷酸氢钙等补充。

(2)磷　肉牛体内的磷主要存在于骨骼、大脑、肌肉、肝脏和肾脏中,是磷脂、核酸和酶的组成成分,参与体内能量代谢。肉牛缺乏磷时生长缓慢,食欲不振,饲料利用效率下降,引发异食癖,繁殖率下降,甚至死亡。磷过量易造成尿结石。肉牛对磷的需要量[克/(天·头)]为[0.028×体重(千克)+0.039×日增重蛋白质(克)+0.95×日产奶量(千克)+0.0076×日胎儿生长(克)]/0.85。

日增重蛋白质(克)为[268-29.4 增重净能(兆焦)/千克增重]×日增重(克)。

磷的主要来源为磷酸氢钙、脱氟磷酸盐、磷酸钠等。注意钙磷比例,一般为(1.5~2):1。

(3)钠和氯　肉牛体内的钠主要用于维持渗透压、酸碱平衡和体液平衡,参与氨基酸运转、神经传导和葡萄糖的吸收。氯是激活淀粉酶的因子,胃酸的组成成分,参与调节血液酸碱性。钠和氯一般用食盐来补充,缺乏时肌肉萎缩,食欲不振,牛互相舔,出现异食癖(吃土、塑料、石块、喝尿等)。

根据牛对钠的需要量占日粮干物质进食量的 0.06%~0.10% 计算,日粮含食盐 0.15%~0.25% 即可满足钠和氯的需要。植物性饲料含钠低,含钾量高,青粗饲料更为明显,钾能促进钠的排出,放牧牛的食盐需要量高于饲喂干饲料的牛,饲喂高粗饲料日粮的耗盐量高于高精饲料日粮。

夏天食盐量可略高,冬天食盐量不宜增加,因为吃盐多,饮水量会增加,冬天水温低,多饮冷水会降低瘤胃功能,而且把冷水升温到体温会大量增加能量消耗,例如 1 千克水从 0℃ 升高到体温(38.5℃)消耗能量 0.119 兆焦。饮水充足时,饮水食盐超过 2.5%,日粮含盐量超过 9%,牛会出现中毒症状。

高水平的食盐可使乳房肿胀加剧,使乳汁含盐量增加变咸,增加肾脏负担,牛体水肿,水代谢失调,促发水毒症,以致危及牛的生命。

（4）钾　钾能维持机体正常渗透压,调节酸碱平衡,控制水的代谢,为酶提供有利于发挥作用的环境。缺乏时食欲下降,饲料利用率降低,生长缓慢。钾过量会影响镁的吸收。一般肉牛对钾的需要量为日粮干物质的0.65%。热应激时,钾的需要量增加,约为日粮干物质的1.2%。最高耐受量为日粮干物质的3%。粗饲料含钾丰富,只有饲喂高精饲料日粮的肉牛才需要补充钾,一般采用氯化钾补充。

（5）镁　镁在神经肌肉传导中起重要作用,是许多酶的激活剂。缺乏镁会使牛发生抽搐症,食欲不振,饲料养分消化率下降。镁与磷缺乏,还会使乳汁呈酒精阳性,乳汁变稀。肉牛镁的适宜需要量为日粮干物质的0.1%。犊牛每千克体重需镁量为12~16毫克,按日粮干物质计算,为0.07%~0.1%。日粮干物质含镁量超过0.4%,就会出现镁中毒,表现为腹泻,增重下降,呼吸困难。早春和晚冬季节的青草与枯草中含镁量低,若此时放牧易缺镁,发生抽搐症。镁的来源有碳酸镁、氧化镁和硫酸镁等。

（6）硫　硫是某些蛋白质、维生素和激素的组成成分,参与蛋白质、脂肪和碳水化合物的代谢。瘤胃菌体可利用无机硫（硫酸钠）合成含硫氨基酸（蛋白酸、胱氨酸）,进而合成菌体蛋白质。肉牛缺乏硫时食欲下降,唾液分泌增加,瘤胃微生物对乳酸的利用率降低,眼神发呆,消化率下降,增重缓慢,产奶量下降。肉牛硫的需要量约为日粮干物质的0.1%。硫水平过高也会降低饲料进食量,并给泌尿系统造成过重负担,且干扰硒和铜的代谢。肉牛日粮中添加硫酸钠、硫酸钙、硫酸钾和硫酸镁时能够维持其最适的硫平衡。保持肉牛最大饲料进食量的适当氮硫比为（10~12）:1。

2. 微量矿物质

（1）铁　缺铁会使犊牛生长强度下降,出现营养性贫血、异食、皮肤和黏膜苍白,舌乳头萎缩,日增重下降。一般每千克日粮干物质中含铁量50~100毫克就能满足肉牛的需要（犊牛和生长牛为100毫克,成年牛为50毫克）。可用硫酸亚铁、氯化亚铁和硫酸铁等补充。过量的铁会引起中毒,表现为腹泻、体温过高、代谢性酸中毒、饲料进食量和增重下降。

（2）铜　铜参与血红蛋白的合成、铁的吸收,是许多酶的组成成分,如制造血细胞的辅酶。肉牛缺铜,会发生缺铜性营养性贫血,表现为被毛粗糙、褪色,全身被毛变成灰色。严重缺乏会引起脱毛,下痢,体重下降,生长停滞;四肢骨端肿大,骨髓脆弱,经常导致肋骨、股骨、股骨复合性骨折;关节僵硬,可导致老牛的"对侧步"步态；发情率低或延迟,繁殖性能下降,难产和产后恢复困难；犊牛缺铜,出生时便为先天性佝偻病,心脏衰弱而造成疾病或突然死亡等。

肉牛对铜的需要量为 4 ~ 10 毫克/千克,但铜与钼互相拮抗,高铜可使牛对钼的需要量增加,最佳铜钼比为(4 ~ 5):1,若小于 3:1 时,铜的含量又为 6 毫克/千克,牛将表现出铜缺乏症。在应激条件下铜的需要量为 40 ~ 90 毫克/千克。饲料中常用的铜添加剂主要是硫酸铜、碳酸铜和氧化铜。近年来生产的氨基酸铜(赖氨酸铜和蛋氨酸铜),比无机铜稳定,不潮解,适口性好,利于吸收,生物利用效率比氧化铜高 4 倍。国内多数地区的肉牛日粮都缺铜,尤其土壤中铜缺乏的地区。

(3)锌 锌广泛分布于牛体各种组织中,肌肉、皮毛、肝脏、成年公牛的前列腺及精液中均含有锌。锌与被毛生长、组织修复和繁殖机能密切相关,是有关核酸代谢、蛋白质合成、碳水化合物代谢的 30 多种酶系统的激活剂和构成成分。肉牛缺锌后生长发育停滞,饲料进食量和利用率下降,精神萎靡不振,蹄肿胀并有开放性、鳞片状损伤,脱毛,大面积皮炎,后肢、颈部、头与鼻孔周围尤其严重,并有角化不全和伤口难以愈合等症状。另外,缺乏锌会影响到牛肉的风味。1988 年,美国的全国研究理事会饲养标准规定肉牛对锌的需要量为 20 ~ 40 毫克/千克,缺锌的牛日粮中添加 100 ~ 160 毫克/千克的锌,可迅速改善牛的缺锌症状,在 3 ~ 4 周内校正皮肤的损害与其他症状。饲料中常用的含锌添加剂为硫酸锌、氧化锌和碳酸锌。目前,最好的补锌产品是氨基酸整合锌。

(4)锰 牛体内锰主要存在于骨骼、肝、肾等器官和组织中。锰的功能是维持大量酶的活性,如水解酶、激素酶和转移酶的活性。肉牛的繁殖、生长和代谢都需要锰元素。锰还对中枢神经系统发生作用。一般饲料中含锰量低,锰的吸收利用率低,故在肉牛日粮中添加锰是必需的。缺锰使牛的生长速度下降,骨髓变形,关节变大、僵硬,腿弯曲,繁殖机能紊乱或下降,新生犊牛畸形,怀孕母牛流产。肉牛对锰的需要量为 20 ~ 50 毫克/千克,在应激条件下可达 90 ~ 140 毫克/千克,在生产条件下为 40 ~ 60 毫克/千克;0 ~ 6 月龄犊牛为 30 ~ 40 毫克/千克。当日粮中钙和磷的比例上升时,对锰的需要量增加。日粮中若缺锰可用硫酸锰、碳酸锰和氯化锰补充,近年已有氨基酸整合锰,利用效率更高,可用于肉牛的日粮中。

(5)钴 肉牛的瘤胃微生物需要利用钴合成维生素 $B_{12}$,肉牛对钴的需要实际上是微生物对钴的需要。进食的钴约有 3% 被转化成维生素 $B_{12}$,而合成

的维生素 $B_{12}$ 仅有 1% ~ 3% 被牛吸收利用。日粮中钴的吸收率为 20% ~ 95%。

肉牛日粮中的钴用于合成维生素 $B_{12}$ 后主要参与体内甲基和酶的代谢。体内储存的钴不能参与微生物合成维生素 $B_{12}$，只有日粮中提供钴才能保证微生物合成维生素 $B_{12}$ 的需要。牛对钴的需要量为 0.07 ~ 0.11 毫克/千克，生产条件下为 0.5 ~ 1 毫克/千克，应激情况下为 2 ~ 4 毫克/千克。缺乏时会妨碍丙酸的代谢，使丙酸不能转化为葡萄糖。肉牛出现食欲降低，精神萎靡，生长发育受阻，体重下降，消瘦，被毛粗糙，贫血，皮肤和黏膜苍白，甚至死亡。硫酸钴、磷酸钴和氯化钴均可用作牛的有效添加剂，也可使用钴化食盐。

（6）碘　碘的主要功能是合成甲状腺激素，甲状腺激素能够调节机体的能量代谢。饲喂含碘化合物还可预防牛的腐蹄病。一般碘需要量为 0.5 毫克/千克，范围为 0.2 ~ 2.0 毫克/千克，应激条件下则为 1.5 ~ 3 毫克/千克。肉牛缺碘时甲状腺肿大。长期缺碘能导致增重降低，生长发育受阻，消瘦和繁殖机能障碍。饲喂羽衣甘蓝、油菜、芜菁、生大豆粕、菜子饼或棉子粕等饲料，会使肉牛出现缺碘症，引起甲状腺肿大。此时，应增加饲料中碘的用量。碘化钾、碘酸钙和含碘食盐是肉牛的适宜添加剂。若长期饲喂含碘量高达 50 ~ 100 毫克/千克的日粮，牛会发生碘中毒。其症状是流泪，唾液分泌量多，流水样鼻涕，气管充血并引起咳嗽。同时，血液中碘浓度上升，大量碘由粪尿中排出，故生产中要防止碘中毒。

（7）硒　硒是谷胱甘肽过氧化物酶的成分，能预防犊牛的白肌病和繁殖母牛的胎衣不下。我国土壤、水中缺硒的地区较多。缺硒地区的肉牛日粮中必须补充硒，否则会出现硒缺乏症，主要是发生白肌病，也称肌肉营养不良，一般多发生于犊牛。患有白肌病的小牛在心肌和骨髓肌上具有白色条纹、变性和坏死。在缺硒（小于 0.05 毫克/千克）的日粮中补充维生素 E 和硒，可防止胎衣不下，减少子宫炎的发病率。

1988 年，美国国家研究委员会确定牛对硒的需要量为每千克饲料干物质 0.1 毫克，范围为 0.05 ~ 0.3 毫克/千克，最大耐受水平为 2 毫克/千克。生长于高硒地区的作物，如黄芪（属于十字花科植物），能在体内积累硒，含硒量可高达 1 000 ~ 3 000 毫克/千克，毒性很大，肉牛采食后即引起中毒。急性中毒的症状为迟钝，运动失调，低头和耳下垂，脉速而无力，呼吸困难，腹泻，昏睡，最后由于呼吸衰竭而死亡。慢性中毒症状为跛行，食欲下降，消瘦，蹄溃疡，蹄畸形，裂蹄，尾部脱毛，肝硬化和肾炎。亚硒酸钠、硒酸钠都可作为肉牛的补硒添加剂,但为剧毒品,要注意保存与安全使用。

(8)钼 钼是动物组织中黄嘌呤氧化酶必不可少的成分,是维持牛健康的一种不可少的元素,但实际生产中还没有观察到钼的缺乏症。钼的最大耐受量为3毫克/千克,肉牛钼中毒的主要症状与缺铜症状相同,严重时会引起腹泻。腐殖土草地或泥炭土草地含钼量可高达20~100毫克/千克。长时间喂高钼日粮,可能引起肉牛磷代谢紊乱,导致跛行、关节畸形和骨质疏松。

## 六、肉牛对维生素的需要

维生素分脂溶性和水溶性两大类。脂溶性维生素包括维生素 A、维生素 D、维生素 E 和维生素 K;水溶性维生素包括 B 族维生素和维生素 C。生产中维生素严重缺乏会造成肉牛死亡,中等程度缺乏的表现症状不明显,但影响生长和育肥速度,造成巨大的经济损失。瘤胃微生物能合成 B 族维生素和维生素 K,体组织可合成维生素 C。一般情况下,成年肉牛仅需补维生素 A、维生素 D 和维生素 E,而犊牛需要补充各种维生素。青绿饲料、酵母和胡萝卜可提供各类维生素。

1. 脂溶性维生素

(1)维生素 A 维生素 A 的需要量一般用胡萝卜素来表示。胡萝卜素是维生素 A 的前体物,为其普遍来源。肉牛将 β - 胡萝卜素转化为维生素 A 的效率低,国际上公认 1 毫克 β - 胡萝卜素相当于 400 国际单位的维生素 A,据此可计算饲料中维生素 A 的需要量及含量。生长育肥牛的维生素 A 需要量一般为每千克日粮干物质2 200国际单位(5.5 毫克 β - 胡萝卜素),妊娠母牛为 2 800 国际单位(7.0毫克 β - 胡萝卜素),泌乳母牛和繁殖公牛为 3 900 国际单位(9.75 毫克 β - 胡萝卜素)。

(2)维生素 D 通常肉牛采食晒制的优质干草和受到阳光照射时,可不补充维生素 D。青绿饲料、舍内晾干的干草、人工干草和青贮饲料也含有维生素 D。近年来试验表明:日粮中补充维生素 D,可使牛体内的钙为正平衡,提高了牛的健康水平、日增重和繁殖性能。维生素 D 的需要量为每千克日粮干物质275 国际单位。犊牛、生长牛和成年母牛每 100 千克体重需要 660 国际单位维生素 D。

(3)维生素 E 犊牛的维生素 E 需要量为每千克日粮干物质 25 国际单位,生长育肥阉牛每千克日粮干物质 50~100 国际单位,成年牛为 15~16 国际单位。正常日粮中含有足够的维生素 E。

（4）维生素 K　维生素 K 主要参与体蛋白质的合成、血液凝固的血浆蛋白和其他组织器官内未知功能的蛋白质的供应。各种新鲜的或干燥的绿色多叶植物中含有丰富的维生素 K，正常情况下瘤胃内能合成大量的维生素 K。故在一般饲养标准中，未规定在日粮中补充维生素 K。但母牛采食发霉的双香豆素含量高的草木樨干草时，会出现维生素 K 不足的症状，凝血时间延长，皮下、肌肉和胃肠发生出血，可用维生素 K 添加剂进行治疗。

2. 水溶性维生素

肉牛瘤胃微生物可合成大量 B 族维生素，饲料中 B 族维生素含量也相当丰富，一般不需要额外添加。但对于瘤胃发育未完善的犊牛需要补充硫胺素、生物素、烟酸、吡哆醇、泛酸、核黄素和维生素 $B_{12}$ 等。若犊牛料中含有非蛋白氮，则更要重视补充各种维生素。

### 七、肉牛对水的需要

需水量与干物质采食量呈一定比例，一般每千克干物质需要水 2～5 千克，动物干物质采食量越高，需水量也越多。日粮成分，尤其是矿物质、蛋白质和纤维含量均影响需水量。矿物盐类的溶解、吸收和多余部分的排泄，蛋白质代谢终产物的排出，纤维的发酵和未消化残渣的排泄等均需一定量的水参加，当日粮中蛋白质、矿物质、纤维物质浓度加大时，需水量增加。初生犊牛单位体重需水量比成年牛高，活动会增加需要量，紧张时比安静需要量大，高产动物需要量大。环境温度与饮水量呈明显正相关，气温升高时，蒸发散热增加，对水的需要量就多。当气温低于 10℃ 时，需水量明显减少，气温高于 30℃，需水量明显增加。

## 第二节　肉牛常用饲料及其加工处理

### 一、精饲料

精饲料是指粗纤维含量低于 18%、无氮浸出物含量高的饲料。这类饲料的蛋白质含量，可能高也可能低。谷物、饼粕、面粉业的副产品（如玉米面筋等）都是精饲料。对于肉牛而言，精饲料是一种补充料，肥育牛日粮的精饲料含量可高一些，母牛和架子牛仅喂少量精饲料，以保证维持需要。

精饲料可分为能量饲料和蛋白质饲料。能量饲料有玉米、高粱、甜菜渣和糖蜜等。蛋白质饲料包括真蛋白质饲料(如豆饼和棉子饼等)和非蛋白氮(如尿素)。主要精饲料的营养成分见表4-2。

表4-2 肉牛主要精饲料的营养成分

| 名称 | 干物质含量(%) | 维持净能(兆焦/千克) | 增重净能(兆焦/千克) | 粗蛋白质含量(%) | 粗纤维含量(%) | 钙含量(%) | 磷含量(%) |
|------|------|------|------|------|------|------|------|
| 玉米 | 88.40 | 9.41 | 6.01 | 9.70 | 2.30 | 0.09 | 0.24 |
| 高粱 | 89.30 | 8.65 | 5.29 | 9.70 | 2.50 | 0.10 | 0.31 |
| 小麦麸 | 88.60 | 6.69 | 4.31 | 16.30 | 10.40 | 0.20 | 0.88 |
| 豆饼 | 90.60 | 8.61 | 5.73 | 47.50 | 6.30 | 0.35 | 0.55 |
| 棉子饼 | 89.60 | 7.77 | 5.18 | 36.30 | 11.90 | 0.30 | 0.90 |
| 胡麻饼 | 92.00 | 7.94 | 5.31 | 36.00 | 10.70 | 0.63 | 0.84 |
| 花生饼 | 89.90 | 8.95 | 5.85 | 51.60 | 6.50 | 0.27 | 0.58 |
| 芝麻饼 | 92.00 | 7.77 | 5.46 | 42.60 | 7.80 | 2.43 | 0.29 |
| 葵子饼 | 90.00 | 3.15 | 0.92 | 25.90 | 35.10 | 0.23 | 1.03 |

1. 能量饲料

国际饲料分类原则把粗纤维含量小于18%,蛋白质含量小于20%的饲料称为能量饲料。从营养功能来说,能量饲料是家畜能量的主要来源,在配合日粮中所占的比例最大,占50%~70%。主要包括禾本科的谷实饲料和面粉工业的副产品。块根、块茎和其加工的副产品,以及动植物油脂和糖蜜,都属于能量饲料。

(1)谷实类饲料 谷实类饲料主要来源于禾本科植物的子实,是能量饲料的主要来源,需要量很大,可占肥育期肉牛日粮的40%~70%。我国常用的种类有玉米、大麦、高粱、燕麦、黑麦、小麦和稻谷等。谷实类饲料的营养特点是:干物质中无氮浸出物含量为70%~80%,纤维含量一般在3%以下,消化率高。粗蛋白质含量为8%~13%(表4-3)。脂肪含量2%左右,钙的含量比磷的含量少。不同谷物子实对肉牛的相对价值,见表4-4。

1)玉米 我国东北、西北和华中等地区盛产玉米,大部分用作饲料。玉米中所含的可利用能值高于谷实类中的任何一种饲料,在肉牛饲料中使用的比例最大,被称为"饲料之王"。

表 4-3　谷实类饲料的营养特点

| 名称 | 消化能(兆焦/千克) | 粗蛋白质含量(%) | 与玉米相比(%) |
|---|---|---|---|
| 玉米 | 17.1 | 9.7 | 100 |
| 大麦 | 16.3 | 13.2 | 90 |
| 燕麦 | 14.2 | 13.3 | 70~90 |
| 大米 | 14.2 | 8.4 | 80 |
| 高粱 | 13.8 | 9.7 | 90~95 |
| 小麦 | 15.9 | 14.7 | 100~105 |

表 4-4　不同谷物子实对肉牛的相对价值

| 名称 | 可消化蛋白质 | 维持净能 | 增重净能 |
|---|---|---|---|
| 玉米 | 100 | 100 | 100 |
| 大麦 | 131 | 84 | 88 |
| 高粱 | 95 | 92 | 88 |
| 燕麦 | 132 | 82 | 86 |
| 小麦 | 152 | 95 | 98 |

注:以玉米的数值为100进行折合计算

玉米的不饱和脂肪酸含量高,因而粉碎后的玉米粉易于酸败变质,不宜长期保存,以储存整粒玉米最佳。黄玉米中含有胡萝卜素和叶黄素,营养价值高于白玉米,带芯玉米饲喂肉牛效果也很好。在满足肉牛的蛋白质、钙和磷需要后,能量可以全部用玉米满足。对于青年牛和肥育肉牛,整粒饲喂和粉碎饲喂效果相同,但前者可减少投资、节约能源。玉米的无氮浸出物含量为65.4%,粗蛋白质为9.7%,粗纤维为2.3%,每千克对牛的维持净能为9.41兆焦,增重净能为6.01兆焦。

2)高粱　高粱的品种很多。去皮高粱的组成与玉米相似,能值相当于玉米的90%~95%。高粱的平均蛋白质含量为10%。其种皮部分含有鞣酸,具有苦涩味,影响家畜的适口性,色深的高粱含鞣酸量高,一般含量为0.2%~2.0%。一般高粱不做肉牛的主要饲料。

3)大麦　我国大麦的产量近几年来有下降的趋势,大麦很少作为食用,大部分用作家畜的饲料,少部分用于酿造工业。大麦的蛋白质含量为12%~13%,是谷实类饲料中含蛋白质较多的饲料,大麦种子有一层外壳,粗纤维含量较高,约为7%,无氮浸出物较低。大麦是喂肉牛和奶牛的好饲料,压扁或粉碎饲喂更为理想,但不宜粉碎得太细,也不能整粒饲喂。

4)燕麦 内蒙古、东北等地有少量生产,在我国谷实类饲料中用量很少。燕麦的蛋白质含量和大麦相似,粗纤维含量较高,为9%。粉碎后饲喂,对肉牛有较好的效果。

5)小麦 我国种植小麦的地区很广,是重要的粮食作物,很少直接用作饲料。小麦的营养价值与玉米相似,蛋白质含量14.7%。喂肉牛,小麦占精饲料的比例不应超过50%,用量过大,会引起消化障碍。喂前应碾碎或粉碎。

6)稻谷和糙大米 稻谷种子外壳粗硬,与燕麦相似。粗纤维含量约10%,粗蛋白质含量约8%。去掉壳的稻谷称为糙大米,它的粗纤维含量为2%,蛋白质为8%,在饲料中的用量为25%～50%。糙大米的营养价值比稻谷高。

(2)谷物子实类的加工副产品 谷物类饲料在加工过程中产生大量副产品,可被用作饲料。这类产品包括麦麸、米糠、玉米糠、高粱糠、小麦糠等。糠麸类饲料主要是谷实的种皮、糊粉层、少量的胚和胚乳。粗纤维含量9%～14%,粗蛋白质含量为12%～15%,钙磷比例不平衡,磷含量高约1%。

1)小麦麸 俗称麸皮,是小麦加工成面粉时的副产品,主要由小麦子实的种皮、糊粉层、少量的胚乳和胚组成,加工方式的不同造成了麸皮营养成分的差异,一般麸皮含粗纤维较高,约10%,无氮浸出物约58%,对肉牛的代谢能为9.66兆焦/千克,由于麸皮中存在着大量胚,使其粗蛋白质含量较高,为13%～16%。

2)米糠 稻谷加工成大米时分离出的种皮、糊粉层和胚3种物质的混合物,不包括稻壳。稻谷加工成大米时,大米越白,其副产品米糠的营养价值越高。米糠含粗纤维10.2%,无氮浸出物小于50%,粗蛋白质含量为13.4%,粗脂肪为14.4%。粗脂肪中不饱和脂肪酸较高,因此易酸败,不易储藏。钙磷比例不平衡,约为1:15。砻糠是稻谷外面的一层坚硬的壳,含粗蛋白质3%,粗脂肪1.15%,粗纤维46%,无氮浸出物28%,营养价值比秸秆饲料低。统糠是米糠和砻糠的混合物。统糠的营养价值取决于米糠所占的比例。秕谷糠,是在稻谷加工过程中,首先分离出来的秕谷,加工磨碎后称秕谷糠,含粗蛋白质9.8%,粗脂肪0.9%,粗纤维24%,无氮浸出物45%,灰分7.5%,它的营养价值高于砻糠,低于米糠。

(3)其他高能量饲料 高能量饲料是指饲料中无氮浸出物高,粗纤维低,所含可利用能高的饲料。有人把每千克饲料中含消化能大于12兆焦的统称为高能量饲料。

1）棉子 棉子是一种高蛋白高能量饲料，代谢能14.52兆焦/千克，粗蛋白质含量为24%，磷为0.76%，粗纤维为21.4%（干物质）。不必经过任何加工即可饲喂肉牛。

2）油脂 油脂的能量是碳水化合物的2.25倍，属高能量饲料，在肉牛日粮内占2%~5%。在饲料内添加油脂，可以提高能量浓度、控制粉尘，减少设备磨损，增加适口性。油脂还可以作为某些微量营养成分的保护剂。

添加动物性脂肪和植物性脂肪的效果相同，采用哪一种主要取决于价格。目前用作肉牛饲料的脂肪有以下几种：酸化肥皂、牛羊脂、油脂等。脂肪内应加抗氧化剂。玉米日粮无须添加油脂，因为玉米含有4%的油脂。近几年，也用全棉子饼作为油脂饲料饲喂肉牛。

3）糖蜜 不仅能量含量高，适口性也好，包括甘蔗糖蜜、甜菜糖蜜、柑橘糖蜜、木糖蜜和淀粉糖蜜。在肉牛日粮中不超过15%。

4）块根、块茎 也称多汁饲料，包括胡萝卜、甘薯、木薯、马铃薯、饲用甜菜和芜菁等。干物质中淀粉和糖类含量高，蛋白质含量低，纤维素少，并且不含木质素（表4-5），是适口性好的犊牛与产奶牛饲料。由于这类饲料体积大，一般含水量为75%~90%。每千克鲜饲料中营养价值低，一般不用作肉牛肥育期的饲料。但这类饲料的干物质含能值与禾本科子实类饲料相似（表4-6）。

表4-5　几种块根、块茎饲料的化学组成

| 名称 | | 水分（%） | 粗蛋白质（%） | 粗脂肪（%） | 粗纤维（%） | 无氮浸出物（%） | 灰分（%） |
|---|---|---|---|---|---|---|---|
| 甘薯 | 鲜 | 75.40 | 1.10 | 0.20 | 0.80 | 21.20 | 1.30 |
| | 干 | 0 | 4.50 | 0.80 | 3.30 | 86.20 | 5.20 |
| 马铃薯 | 鲜 | 79.50 | 2.30 | 0.10 | 0.90 | 15.90 | 1.30 |
| | 干 | 0 | 11.20 | 0.50 | 4.40 | 77.60 | 6.30 |
| 木薯 | 鲜 | 62.70 | 1.20 | 0.30 | 0.90 | 34.40 | 0.50 |
| | 干 | 0 | 3.20 | 0.80 | 2.50 | 92.20 | 1.30 |

| 名称 | | 水分（%） | 粗蛋白质（%） | 粗脂肪（%） | 粗纤维（%） | 无氮浸出物（%） | 灰分（%） |
|------|------|------|------|------|------|------|------|
| 胡萝卜 | 鲜 | 89.00 | 1.10 | 0.40 | 1.30 | 6.80 | 1.40 |
| | 干 | 0 | 10.00 | 3.60 | 11.80 | 61.80 | 12.70 |
| 甜菜 | 鲜 | 89.0 | 1.50 | 0.10 | 1.40 | 6.90 | 1.10 |
| | 干 | 0 | 13.40 | 0.90 | 12.20 | 63.40 | 9.80 |

表4-6　块根、块茎的消化能含量

| 名称 | 干物质（%） | 消化能（兆焦/千克干物质） |
|------|------|------|
| 胡萝卜 | 11.00 | 15.62 |
| 木薯 | 37.30 | 14.62 |
| 马铃薯 | 20.50 | 14.95 |
| 甜菜 | 11.00 | 15.41 |
| 甘薯 | 24.60 | 14.70 |
| 芜菁 | 10.00 | 15.71 |

**2. 蛋白质饲料**

蛋白质含量在20%以上的饲料称为蛋白质饲料。蛋白质饲料在生产中起到关键性作用，影响着肉牛的生长与增重，使用量比能量饲料少，一般占日粮的10%～20%。蛋白质饲料的能量值与能量饲料基本相似，但是蛋白质饲料的资源有限，价格较高，所以它不能当作能量饲料来使用。肉牛的蛋白质饲料主要是饼粕（用压榨法提取油后的残渣称为饼，浸提法或压榨后再浸提油的残渣称为粕）。

由于加工方法的不同，同一种原料制成的饼与粕的营养价值也不一样，饼类的含脂量高，能量也高于粕类，但是蛋白质含量低于粕类。

（1）大豆饼（粕）　豆饼是我国畜牧生产中主要的植物性蛋白质饲料，粗蛋白质含量39%～43%，浸提或去皮的豆粕的粗蛋白质含量大于45%。日粮中除了能量饲料之外，可以全部用豆饼满足肉牛的蛋白质需要量。在所有饼类中，豆饼的氨基酸平衡，适口性好，是植物性蛋白质中最好的蛋白质，但是，它的胡萝卜素和维生素D含量较低。

（2）棉子饼（粕）　棉子经脱壳之后压榨或浸提油后的残渣，粗蛋白质含量33%～40%。未去壳的棉子饼含粗蛋白质24%。虽然棉子饼内含有毒物质棉酚，但由于在瘤胃内棉酚与可溶性蛋白质结合为稳定的复合物，因此对反刍动物影响很小。肉牛精饲料中棉子饼的比例可达到20%～30%。在喂棉子饼的饲料内加入微量硫酸亚铁，可以促进肉牛的生长。

（3）菜子饼（粕）　含粗蛋白质36%～40%，粗纤维12%，无氮浸出物约30%，有机物质消化率约70%。菜子饼含有硫葡萄糖苷，在芥子酶的作用下，分解产生有毒物质异硫氰酸盐和噁唑硫烷酮，因此不适合做猪和鸡的饲料，但是可以用作肉牛的蛋白质饲料，可占精饲料的20%，肥育效果很好。

（4）花生饼（粕）　目前我国市场上所见的花生饼，大部分是去壳后榨油的，粗纤维含量低于7%，习惯上称花生仁饼。带壳榨油的花生饼，粗纤维含量约为15%，含蛋白质较少。花生仁饼的粗蛋白质含量为43%～50%，适口性好。花生仁饼在储藏过程中最易感染黄曲霉，产生黄曲霉毒素，必须严格检验，严重时会导致家畜死亡。

（5）亚麻子饼（粕）　又称胡麻饼。亚麻子产于我国的东北和西北地区，粗蛋白质含量34%～38%，粗纤维含量9%，含钙0.4%，磷0.83%。亚麻子饼含有黏性物质，可吸收大量水分而膨胀，从而可使饲料在肉牛的瘤胃内停留较长时间，以利于饲料的利用。黏性物质同时对肠胃黏膜起保护作用，可润滑肠壁，防止便秘。

（6）葵花子饼（粕）　带壳的葵花子饼，粗蛋白质仅为17%，粗纤维39%，部分去壳或去壳较多的葵花子饼粗蛋白质含量为28%～44%，粗纤维9%～18%，是肉牛肥育期很好的饲料。

## 二、精饲料的加工处理

精饲料加工是指用某种方法改变饲料的物理、化学或生物学特性，加工后不仅能提高营养价值，还能延长储存时间、脱毒、改善适口性和减少水分等。饲喂肉牛的主要精饲料包括小麦、大麦、玉米和高粱，它们的淀粉和蛋白质在瘤胃内降解的顺序是小麦大于大麦，大麦大于玉米，玉米大于高粱。现代加工方法要同时考虑湿度、温度和压力3个因素。目前常用的加工方法有浸泡、蒸煮、压片、粉碎和制粒。最新发展的方法还有挤压、蒸汽压片和高温处理等。另外，氢氧化钠和氨等化学试剂可用于储存高水分谷物。对脂肪、蛋白质和氨基酸还可以进行过瘤胃保护加工处理，使它们直接到达真胃和小肠，经血液吸收后利用。

1. 常用能量饲料的加工

(1)玉米　对玉米的加工方法有3种,即蒸汽处理、压片和粉碎。在肥育牛日粮含70%~80%的玉米时,蒸汽处理或压片可使净能提高5%~10%,能量沉积提高6%~10%。饲喂前浸泡,可使玉米的消化率提高5%。如果没有条件进行蒸汽处理或压片,可以将玉米粒粉碎(颗粒大小为2.5毫米),千万不要粉碎太细,以免影响粗饲料的消化率。

(2)高粱　当日粮内粗饲料的含量小于20%时,对高粱进行蒸汽处理和压片可使能量利用率提高5%~10%,淀粉消化率提高3%~5%。在没有条件进行蒸汽处理或压片的地区,可将整粒高粱在水中浸泡4小时,然后晾干,再粉碎,这样可以提高能量和淀粉的消化率,效果与蒸汽处理相同。优点是成本低,还可增加肉牛的采食量。与粗粉碎相比,细粉碎(1毫米)可使高粱的净能提高8%,与蒸汽处理效果相等。因此,最简单实用的方法是将高粱细粉碎到1毫米后饲喂。

(3)大麦　粉碎或压扁能提高大麦的消化率和利用率。为了增加采食量和减少瘤胃鼓胀等消化性疾病,对大麦不要粉碎过细,粗粉碎效果最好。对大麦进行蒸汽处理没有效果。

(4)小麦　压片、粗粉碎和蒸汽处理都可以提高小麦的营养价值,但是不应粉碎过细,否则容易引起肉牛的采食量降低,甚至引起酸中毒。

(5)燕麦　给肉牛饲喂燕麦时,需要进行压片或粉碎,才能达到最佳效果。

2. 蛋白质过瘤胃的方法

在肉牛饲料中使用保护蛋白质的意义是能降低蛋白质的使用量,增加非蛋白氮的用量,降低饲料成本和提高肉牛的生产性能。保护蛋白质过瘤胃的方法如下:

(1)天然保护蛋白质　指使用蛋白质降解率较低的饲料,如玉米面筋粉、啤酒糟、酒糟、压榨的豆饼、肉粉、血粉、鱼粉和水解羽毛粉等。

(2)加热加压处理　在一定压力下对蛋白质饲料加热,可使蛋白质内氨基酸发生交联,从而降低降解率。但是不能过热,否则易出现蛋白质的过保护现象,即在瘤胃内不降解,在小肠内也不能被消化,造成浪费。

(3)鞣酸处理蛋白质　用1%的鞣酸均匀地喷洒在蛋白质饲料上,混合后烘干。

(4)甲醛处理蛋白质　用0.8%的甲醛均匀地喷洒在蛋白质饲料上,混合后烘干。

（5）氢氧化钠处理蛋白质　最近研究用氢氧化钠处理来降低豆饼等蛋白质饲料在瘤胃内的降解率，效果比热处理、甲醛处理或鞣酸处理好，因为后面几种处理常出现保护程度不够或过保护。同时，用氢氧化钠处理大豆粉生产犊牛代乳料的研究也正在进行。

（6）鲜血处理蛋白质　用鲜血保护蛋白质饲料过瘤胃效果很好，血液在瘤胃内不易被降解，是一种保护性包膜。

（7）保护性氨基酸　为高产反刍家畜补充必需氨基酸（尤其是蛋氨酸和赖氨酸）和脂肪，使它们过瘤胃后被直接吸收。目前有两种形式的保护性蛋氨酸，即包膜蛋氨酸和蛋氨酸类似物或多聚化合物。最初蛋氨酸包膜是用甲醛处理后的蛋白质或脂肪，但是这种物质在瘤胃内仅部分稳定，并且过瘤胃以后的释放率很差。后来找到了既在瘤胃酸碱度条件下稳定，又在真胃酸碱度条件下离解的多聚物包膜。最近，又将蛋氨酸与脂肪酸的钙盐成功地结合在一起，使血液内的蛋氨酸浓度增加。

蛋氨酸羟基类似物对单胃动物具有生物学活性，但是在瘤胃内不稳定，生产应用效果也不一致。

（8）商品性保护蛋白质　这类饲料市场有售，属于反刍动物的浓缩料，不仅含有保护性蛋白质，还有微量元素和维生素，能明显增加肉牛的生长速度。

**3. 保护脂肪过瘤胃的方法**

当瘤胃内脂肪，尤其是不饱和脂肪酸浓度高时，会降低粗纤维的消化率和降低食欲。保护脂肪首先是用甲醛处理酪蛋白包膜脂肪，然后喷雾干燥。但酪蛋白成本高和喷雾技术高均限制了这一技术的应用。一般的保护可以通过去壳、在碱液内溶解、乳化、甲醛处理，然后干燥等方法实现。饲喂长链脂肪酸的钙盐或脂肪酸钙盐与脂肪酸的混合物，会使饲喂脂肪酸的负效应最小。当日粮精粗比过高或瘤胃氢离子浓度很高时，需要使用碱性缓冲液调控瘤胃氢离子中和到正常范围，以防钙皂的离解。

**4. 保存高水分谷物的方法**

用氢氧化钠等碱性盐类保存高水分谷物是一种常用方法，使玉米和高粱的利用效率比干燥保存时高。当需要补充瘤胃可降解氮或避免钠采食量过高时，可以用氢氧化铵代替氢氧化钠。

## 三、粗饲料及其加工处理

按国际饲料分类原则，凡是饲料中粗纤维含量18%以上或细胞壁含量为

35%以上的饲料统称为粗饲料。粗饲料对反刍家畜和其他草食家畜极为重要。因为,它们不仅提供养分,而且对肌肉生长和胃肠道活动也有促进作用。母牛和架子牛可以完全用粗饲料满足维持营养需要。能饲喂肉牛的粗饲料包括干草、农作物秸秆、青贮饲料等。其中苜蓿、三叶草、花生秧等豆科牧草是肉牛良好的蛋白质来源。

粗饲料的特点是:①体积大,密度小。②粗纤维含量高 18% ,能量浓度低。③木质素含量高,消化率低。④钙、钾和微量元素的含量比精饲料高,但磷的含量低。⑤脂溶性维生素的含量比精饲料高,豆科牧草 B 族维生素含量丰富。⑥蛋白质含量差异较大。豆科牧草的粗蛋白质含量可达 20% 以上,而秸秆的粗蛋白质含量只有 3% ~4% 。

总的来看,粗饲料的营养价值可能很高,如嫩青草、豆科牧草和优质青贮饲料;也可能很低,如秸秆、谷壳和禾本科牧草。但是,通过合理加工调制,都可以饲用(表 4 -7)。

表 4 -7　肉牛常用粗饲料营养成分

| 名称 | 干物质含量(%) | 维持净能(兆焦/千克) | 增重净能(兆焦/千克) | 粗蛋白质含量(%) | 粗纤维含量(%) | 钙含量(%) | 磷含量(%) |
|---|---|---|---|---|---|---|---|
| 大豆秸秆 | 88.00 | 4.52 | 0.68 | 5.20 | 44.30 | 1.59 | 0.06 |
| 稻草 | 89.40 | 4.18 | 0.54 | 2.80 | 27.00 | 0.08 | 0.06 |
| 花生藤 | 91.00 | 4.77 | 2.12 | 10.80 | 33.20 | 1.23 | 0.15 |
| 小麦秸秆 | 89.60 | 2.68 | 0.46 | 3.60 | 41.60 | 0.18 | 0.05 |
| 玉米秸秆 | 90.00 | 4.06 | 1.76 | 6.60 | 27.70 | 0.57 | 0.10 |

1. 干草

干草是指植物在不同生长阶段收割后干燥保存的饲草,通过晒干,使牧草水分降低至 15% ~20% ,从而抑制酶和微生物的活性。牧草成熟后,干物质含量增加,但是消化率降低,收割期应选择干物质含量与消化率的最佳平衡点。大部分干草应在牧草未结子前收割。

(1)干草的种类和特点　干草的种类包括豆科干草、禾本科干草。豆科干草中苜蓿营养价值最高,有"牧草之王"的美称。中等质量的干草含粗纤维 25% ~35% ,含消化能为 8.64 ~10.59 兆焦/千克干物质。

干草的优点是:①牧草长期储藏的最好方式。②可以保证饲料的均衡供应,是某些维生素和无机盐的来源。③用干草饲喂家畜还可以促进消化道蠕动,增加瘤胃微生物的活力。④干草打捆后容易运输和饲喂,可以降低饲料成本。

干草的缺点是:①收割时需要大量劳力和昂贵的机器设备。②收割过程中营养损失大,尤其是叶的损失多。③由于来源不同,收割时间不同,加工方法不同及天气的影响,使干草的营养价值和适口性差别很大。④如果干草晒制的时间不够,水分含量高,在储存过程中容易产热,发生自燃。⑤干草不能满足高产肉牛的营养需要。

(2)干草营养的饲养价值  在各类粗饲料中,干草的营养价值最高。其营养价值的高低取决于制作干草的青饲料种类、生长阶段和调制及储藏的方法,如豆科植物制成的干草蛋白质和钙含量较多,禾本科植物制成的干草蛋白质和钙的含量少(表4-8)。

表4-8  几种干草的化学组成

| 干草种类 | | 水分(%) | 粗蛋白质(%) | 粗脂肪(%) | 粗纤维(%) | 无氮浸出物(%) | 粗灰分(%) | 钙(%) | 磷(%) |
|---|---|---|---|---|---|---|---|---|---|
| 豆科 | 苜蓿 | 9.90 | 15.20 | 1.00 | 37.90 | 27.80 | 8.20 | 1.43 | 0.24 |
| | 紫云英 | 8.50 | 17.90 | 4.10 | 19.60 | 41.00 | 11.20 | 1.92 | 0.19 |
| 禾本科 | 苏丹草 | 8.50 | 6.90 | 3.10 | 27.80 | 45.20 | 8.50 | — | — |
| | 玉米秸秆 | 9.00 | 7.80 | 2.20 | 27.10 | 47.60 | 6.30 | 0.27 | 0.16 |
| | 小麦秸秆 | 9.60 | 6.10 | 1.80 | 26.10 | 0.00 | 6.40 | 0.14 | 0.18 |

干草作为重要的粗饲料,被广泛用于肉牛生产中。可占肥育肉牛日粮能量的30%,占其他肉牛日粮能量的90%(表4-9)。干草虽然主要作为能量来源,但是豆科牧草也是很好的蛋白质来源。

表4-9  不同饲料为肉牛日粮提供的能量比例

| 分期 | 精饲料(%) | 干草(%) | 总计(%) | 分期 | 精饲料(%) | 干草(%) | 总计(%) |
|---|---|---|---|---|---|---|---|
| 肥育期 | 69.80 | 30.20 | 100 | 其他时期 | 8.70 | 91.30 | 100 |

优质干草可以代替精饲料。有试验证明,日粮内含60%苜蓿、40%精饲料时的肥育效果优于日粮内含85%精饲料、15%粗饲料的效果。当精饲料供

应紧张或价格过高时,用全粗饲料日粮肥育肉牛也有很好的效果,表4－10是用全粗饲料日粮与全精饲料日粮肥育肉牛的比较。从表4－10可以看出,用全粗饲料日粮时肉牛的日增重低,但是随着世界性粮食紧张,精饲料价格不断上涨,可以预测将来肉牛肥育将主要依赖于粗饲料。

表4－10　肉牛肥育性能和屠宰质量的评定

| 指标 | 全粗饲料日粮 | 全精饲料日粮 |
|---|---|---|
| 平均体重(千克) | 327.90 | 337.70 |
| 平均采食量(千克) | 10.59 | 7.26 |
| 平均日增重(千克) | 1.05 | 1.27 |
| 饲料增重比 | 10.08 | 5.71 |
| 屠宰率(%) | 55.40 | 59.90 |
| 肌肉大理石纹评分 | 优级 | 优级 |
| 眼肌面积(厘米$^2$) | 71.10 | 68.50 |
| 品尝评分(10分制) | 7.60 | 7.20 |

（3）干草的制备（图4－1）　在青草制备干草的过程中,青草中干物质或养分含量均要有所损失。例如苜蓿,从收割到饲喂,叶片损失35%,干物质损失20%,蛋白质损失29%。在地里放置时间越长,营养损失越多。

图4－1　干草的制备

调制干草的方法不同,养分损失差别很大。目前制备干草的方法基本上可分为两种,一种是自然干燥（晒干和舍内晾干）,另一种是人工干燥。晒制过程中营养物质损失途径有呼吸损失、机械损失和发热损失,还有日晒雨淋的损失。植物收割后,与根部脱离了联系,但植物体内细胞并未立即死亡,它们仍然要利用本身储存营养物质的能量进行蒸发与呼吸作用,继续进行体内代谢。由于没有了从根部输送的水分和营养物质,异化过程始终超过同化过程,植物体内的一部分可溶性碳水化合物被消耗,糖类被氧化为二氧化碳和水排出植物体外。同时,蛋白质有少量降解为氨基酸,这些可溶性氨基酸,在不良条件下较易流失或进一步分解成氨气排出。由于植物细胞内物质的损耗,细胞壁物质的比例就会相对提高,所以干草中粗纤维含量有所增高,无氮浸出物下降,各种营养物质的消化率也下降。当植物体水分降低到38%左右时,植物细胞的呼吸作用停止。要提高干草的营养价值,在割下青饲料后应尽量加快植物体内水分的蒸发,使水分由60%~80%迅速下降到38%左右,在这个过程中,所用时间应尽量缩短,减少营养损失。自然干燥调制干草时,应把收割后的青草平铺成薄层,在太阳下暴晒,尽量在很短时间内使水分降至38%左右。在使水分进一步蒸发降至14%~17%的阶段中,尽量减少暴晒面积和时间。此时,植物细胞虽已死亡,呼吸作用停止,但外界微生物的发酵作用,可分解植物体的养分,日光照射使胡萝卜素受氧化而破坏、植物细胞壁的通透性改变,雨淋和露水使可溶性无机盐、糖、氨基酸等营养物质流失。

植物在干燥过程中,叶片干燥较快、茎秆干燥较慢,容易造成叶片大量脱落,应引起注意。

安全储藏干草的最大含水量为:疏松干草25%;打捆干草20%~22%,大捆为20%;切碎干草18%~20%;干草块16%~17%。

干草水分达到14%~17%时,可堆垛或打捆储存。北方气候较干燥,干草水分为17%时就可储存;在南方,气候潮湿,水分为14%时才能储存。否则,在堆垛中易于发霉或发酵,发酵不仅继续损失碳水化合物,破坏维生素,更严重的是堆心温度上升到66~88℃时,将干草烤焦,升至85℃时,就可发生自燃(天火)。干草储存6个月时,干物质损失5%~7%,其他养分的消化率无显著变化。总的来说,日晒干草过程中,可消化干物质一般损失15%~35%,可消化粗蛋白质损失20%~25%。

人工干燥的干草营养价值高,因为减少了叶片的损失,并且保留最高量的蛋白质、胡萝卜素与核黄素,缺点是不含维生素D,要消耗大量的能源,在我国尚未应用于生产。人工干燥方法一般分为高温法和低温法两种,低温法是采用45~50℃,青草在室内停留数小时,使青草干燥,也有用高温法,使青草通过700~760℃热空气干燥,时间为6~10秒。

(4)干草质量及其判断要点　优质干草的特点是营养价值高,适口性好,消化率高,利用效率高。

干草质量的检查要点如下:①牧草品种,豆科牧草的营养价值比禾本科牧草高。②收割期,牧草在盛花期和成熟期收割时,蛋白质、无机盐、维生素的含量比在初花期收割要低。③叶的比例,叶的营养价值最高,当叶的比例高时,整株牧草的营养价值也就高。④颜色,深绿色牧草的质量最高,表明没受雨淋,胡萝卜素含量高。⑤气味,优质牧草有香味,有霉味的牧草质量较低。⑥柔软性,牧草的柔软性好时,质量较高。⑦杂质和脏物少时,牧草质量较高。表4-11是在生产中很实用的干草评分卡。

表4-11 干草评分卡

| 评定内容 | 得分 | | |
|---|---|---|---|
| | 豆科干草 | 禾本科干草 | 混合干草 |
| 含叶量:豆科牧草应大于40% | 25 | | 15 |
| 颜色与气味:深绿色,无异味 | 25 | 30 | 25 |
| 柔软性:在成熟早期收割 | 15 | 30 | 20 |
| 无杂质 | 15 | 20 | 20 |
| 加工过程中损失小 | 20 | 20 | 20 |
| 总计 | 100 | 100 | 100 |

(5)干草饲喂技术 干草饲喂前要加工调制,常用加工方法有铡短、粉碎、压块和制粒。铡短是较常用的方法,对优质干草,更应该铡短后饲喂,这样可以避免挑食和浪费。干草可以单喂,也可以与精饲料混合喂。混合饲喂的好处是:避免牛挑食和剩料,增加干草的适口性,增加干草的采食量。

在饲喂时要掌握下列换算关系:1千克干草相当于3千克青贮饲料或4千克青草,2千克干草相当于1千克精饲料。

2. 农作物秸秆

我国秸秆年产量为5.7亿吨,主要来源于小麦、水稻、玉米、高粱、燕麦和小米等作物。这些秸秆的粗纤维含量高,直接喂牛时只能满足维持需要,不能增重。用适当的方法进行处理,就能提高这类粗饲料的利用价值,在肉牛饲养业中发挥巨大作用。在生产实践中,人们长期以来积累了许多改善秸秆适口性、提高采食量和提高秸秆营养价值的方法,包括物理处理、微生物发酵处理、化学处理及改进日粮的搭配等。

(1)物理处理 即把秸秆铡短或粉碎,增加瘤胃微生物对秸秆的接触面积,可提高进食量和通过瘤胃的速度。物理加工对玉米秸和玉米芯很有效。与不加工的玉米秸相比,铡短粉碎后的玉米秸可以提高采食量25%,提高饲料效率35%，提高日增重。这种方法并不是对所有的粗饲料都有效，有时不但不能改善饲料的消化率，甚至可能使消化率降低。

（2）微生物发酵处理　人们一直在寻找能分解秸秆纤维素的细菌，试图在反刍动物体外制造出人工瘤胃的条件，提高粗纤维的利用率。在这方面，世界各国的微生物专家做了大量的研究工作，但到目前为止尚无成功的技术应用于生产。

（3）化学处理　近一个世纪以来，用化学处理方法提高秸秆饲料的营养价值已经取得较大进展，有些化学处理方法已在生产中应用。目前，生产中主要用氢氧化钠、氨、石灰等碱性化合物处理秸秆，可提高反刍动物对秸秆的进食量和消化率。上述化学处理主要是改变秸秆中木质素、纤维素的膨胀力与渗透性，使酶与被分解的底物有更多的接触面积。另外，可以打开纤维素和半纤维素与木质素之间对碱不稳定的酯键，使底物更易被酶分解。

1）氢氧化钠处理　分湿法处理和干法处理两种。前者是用1.5%氢氧化钠溶液浸泡秸秆24小时，冲洗沥干后饲喂家畜，秸秆消化率可由40%提高到70%。该法耗碱量和用水量大，在冲淋过程中干物质要损失20%~25%，现已不再应用。目前改用氢氧化钠溶液喷洒法，随喷、随拌，堆置几天后，不用水洗而直接饲喂家畜，此法称干法。在正常气温与气压条件下，每100千克秸秆用3~6千克氢氧化钠（氢氧化钠溶液浓度30%左右效果最好），超过8~10千克，效果无改善。用4%氢氧化钠处理秸秆，采食量提高48%，干物质消化率可提高16%（表4-12）。少量余碱对家畜健康没有危害，但饮水量和排尿量增加。

表4-12　不同氢氧化钠用量对干物质消化率的影响

| 氢氧化钠用量(%) | 0 | 4 | 6 | 8 |
|---|---|---|---|---|
| 采食量(克/天) | 822 | 1 220 | 1 157 | 1 159 |
| 干物质消化率(%) | 38 | 54 | 54 | 57 |
| 氮沉积(克) | 4.50 | 8.00 | 6.30 | 7.20 |
| 粪中细胞壁(克/天) | 329 | 220 | 195 | 172 |

氢氧化钠处理工艺：先将秸秆铡成3厘米左右的碎段，计量后，喷氢氧化钠溶液，搅拌后堆垛。一般要求秸秆重量为3~6吨/垛，高度在3米以上，这样可使氢氧化钠和秸秆发生化学反应所释放出来的热量积聚在一起，使秸秆发热，获得较好的处理效果。同时，可加速蒸发在处理过程中加入的水分。秸

秆堆垛发热温度可达 80~90℃。用手工喷洒氢氧化钠,搅拌和堆垛的劳动强度大,劳动条件差,也不易搅拌。大规模处理应采用机械化加工。

2)无水氨或氨水处理　先将草捆堆好,用塑料薄膜封盖,防止氨气挥发,再通液氨或氨水。氨的用量为 3%~4%。氨化处理时间和气温有关。夏天处理 1 周后可饲喂;冬天,5℃以下需 8 周的时间。表 4-13 是在不同环境温度下进行氨化所需要的最少时间。

表 4-13　环境温度与处理时间的关系

| 环境温度 | 处理时间 | 环境温度 | 处理时间 |
|---|---|---|---|
| 低于 5℃ | 8 周以上 | 高于 30℃ | 1 周以内 |
| 5~15℃ | 4~8 周 | 高于 90℃ | 1 天以内 |
| 15~30℃ | 1~4 周 | | |

被处理秸秆的含水量 30%~40%。氨用量不应超过 4%。氨化处理可提高秸秆中的蛋白质含量,增加 5%~6% 的粗蛋白质,提高采食量和有机物质的消化率 10%~15%(表 4-14)。缺点是氨损失大,开垛后约有 2/3 的氨挥发到空气中。

表 4-14　湿度、氨浓度对有机物消化率的影响

| 氨化麦秸的氨浓度 | 麦秸湿度(%) | | |
|---|---|---|---|
| | 15 | 28 | 41 |
| 未处理麦秸 | 38.20 | 38.20 | 38.60 |
| 1% | 49.50 | 53.20 | 49.20 |
| 4% | 59.00 | 64.80 | 66.60 |
| 7% | 60.70 | 63.00 | 66.60 |

氨处理工艺:分为垛法氨处理和炉法氨处理。垛法氨处理是先将打捆或铡碎的秸秆码在铺有塑料膜的地上,并计量秸秆的重量,如果秸秆的含水量低于氨处理要求,可边码边喷水,堆垛完成后,在垛上面再盖上一层塑料膜,使秸秆密封在塑料膜中,用一根带孔的管插入堆垛中,并通入所需量的氨水或氨,使秸秆在密封状态下氨化,直至完成氨化过程。炉法氨处理是将打捆秸秆装入氨化炉中,关闭炉门后,送入所需要的氨量,加热至 95℃后,启动鼓风机,使氨气在炉内循环流动。在 90℃恒温下,保持 15 小时,然后停止加热,使秸秆在炉内停留 4 小时,最后打开炉门,使炉内剩余氨气逸出,4 小时后,可从中取

出秸秆。

3）垛法尿素处理　将秸秆铡碎后和一定量的尿素溶液混合堆垛,堆垛一定要用塑料膜密封。尿素的用量约为每100千克秸秆加4千克尿素和40升水。

3. 青贮饲料(图4-2)

青贮是将新鲜的青饲料铡碎装入青贮窖或青贮塔内,通过封埋措施,造成缺氧条件,利用微生物的发酵作用,达到长期保存青饲料的一种方法。大部分植物都可以做青贮饲料。青贮饲料的质量取决于3个因素:所用青饲料的化学成分,青贮窖内空气是否被全部压出,微生物的活动。

图4-2　青贮饲料

(1)青贮的原理及特点

1)青贮原理　青贮原理是在缺氧状态下利用植株内的碳水化合物、可溶性糖和其他养分,厌氧的乳酸细菌大量繁殖,进行发酵,产生乳酸,使氢离子浓度上升到100微摩/升(pH 4.0)左右,抑制其他腐败细菌和霉菌的生长,最后乳酸菌本身也停止生长,从而达到长期保存的目的。

整个青贮过程持续2～3周,可分为以下几个阶段。

耗氧阶段:活的植物细胞继续呼吸,消耗青贮窖内的氧气。植株内的酶和好氧菌发酵可溶性碳水化合物,产生热、水和二氧化碳。

厌氧阶段:氧气被消耗完后,形成厌氧环境。在厌氧条件下,微生物对饲料内的可溶性碳水化合物进行发酵,厌氧菌迅速繁殖生成乳酸、乙酸等。少量蛋白质被分解为氨、氨基酸。由于乳酸生成,使氢离子浓度升高,抑制了微生物的发酵,乳酸菌本身也被抑制,青贮发酵过程结束。这时乳酸占干物质的4%～10%。

稳定阶段:氢离子浓度大于63.09微摩/升(pH 4.2 以下)时,青贮就处于稳定阶段,只要不开窖,保持厌氧条件,就可以储存数年。

青贮过程中的损失主要是由于表面层的腐败,可溶性营养物质的流失以及发酵过程中的损失。

2)青贮饲料的优缺点 青贮饲料的优点可以归纳为以下几点:①可以提高作物的利用量。整株植物都可以用作青贮饲料,比单纯收获子实的饲喂价值高30%~50%。②与晒成的干草相比,其质地柔软,养分损失少,在较好的条件下晒制的干草养分也损失20%~40%,而青贮方法只损失10%,比干草的营养价值高,蛋白质、维生素保存较多。③不受天气的影响。④占地面积比干草小75%。⑤能避免火灾。⑥是储存糟渣等副产品的好方式。⑦由于微生物作用,青贮饲料有酸甜的芳香味,适口性好,可提高家畜食欲,具有轻泻作用。⑧保存时间长。

青贮饲料的缺点是建筑青贮窖一次性投资大,需要管理技术高,饲料维生素 D 含量低。

(2)青贮设备 制作青贮饲料所需的设备简单,如常用的青贮联合收割机,可边收割边切碎。或用青饲料切碎机把收割后的整株原料粉碎。最重要的青贮设备是青贮窖。无论是土质窖还是用水泥等建筑材料制作的永久窖,都要保证密封性好,防止空气进入,墙壁要直而平滑,有一定深度和斜度,坚固性好。窖址要排水好,地下水位低,要防止倒塌和地下水的渗入。每次使用青贮窖前都要进行清扫、检查、消毒和修补。

1)青贮窖的种类 青贮窖按形状可分为圆形窖、方形窖或多角形窖、沟形窖以及青贮塔。按位置分为地上式、地下式、半地下式。现在也有人以青贮袋的形式制作青贮饲料,或在排水好、地势高的水泥地上用塑料膜制作少量的地上青贮饲料。

我国常用的是半地下式沟形青贮窖。其特点是容量大,填装原料方便,窖内温度不受外界温度影响,便于发酵,可提高青贮品质,适用于存栏量大的肉牛场。对于饲养量不大的农户,可选用简便经济的土质窖。土质窖要选在地势高、土质为黏性、排水好并且地下水位低的地方,注意经常修整。

2)青贮窖的容积 青贮窖的大小可根据原料种类和含水量、全场牛数以及群体每天采食青贮饲料量、全年饲喂青贮饲料还是只在冬、春季缺草时饲喂等许多因素来确定。例如根据全群采食量,以每天取出7~9厘米厚的青贮为最佳选择来确定青贮窖的横断面积。窖口过大,易产生第二次发酵,导致青贮饲料变质发霉,造成浪费。在制造青贮饲料时,窖越大,青贮饲料损失比率越小,当然也要考虑实用性。

(3)青贮饲料的营养价值及类型

1)青贮饲料的营养价值 青贮饲料鲜嫩多汁,富含蛋白质和多种维生素,适口性好,易消化,其中粗纤维消化率在65%左右,无氮浸出物的消化率在60%左右,并且胡萝卜素含量较多。对于肉牛,青贮在粗饲料中的营养价值较高,其营养价值与青草相当。3千克70%水分的牧草青贮或2千克40%水分的低水分青贮饲料相当于1千克干草。1岁肉牛在肥育初期每天可以采食到23~25千克含干物质37%的玉米青贮,加上1千克含蛋白质32%的补充料。肉牛的玉米青贮饲料可按0.5%加入石粉,以平衡钙磷比。几种青贮饲料的营养成分见表4-15。

表4-15　几种青贮的营养成分

| 青贮饲料类型 | 粗蛋白质含量(%) | 维持净能(兆焦/千克) | 增重净能(兆焦/千克) | 钙含量(%) | 磷含量(%) |
|---|---|---|---|---|---|
| 玉米青贮饲料 | 8.30 | 2.45 | 0.34 | 0.31 | 0.27 |
| 谷物青贮饲料 | 7.90 | 2.80 | 0.30 | 0.34 | 0.190 |
| 饲用高粱青贮饲料 | 9.20 | 5.81 | 2.80 | 0.3 | 0.24 |
| 燕麦青贮饲料 | 10.00 | 5.70 | 2.69 | 0.47 | 0.33 |
| 苜蓿青贮饲料 | 17.40 | 5.94 | 2.93 | 1.75 | 0.27 |

注:各营养成分均以干物质为基础计算。

2)青贮饲料的类型

玉米青贮饲料:①整株玉米青贮,整株玉米中子实和叶片的营养价值高,含有大量粗蛋白质和可消化粗蛋白质,而叶片中含有胡萝卜素,其青贮的营养价值是玉米子实的1.5倍。②玉米秸秆青贮,玉米秸秆青贮的营养价值是整株青贮营养价值的30%。③玉米子实青贮,干物质含量70%,占整株玉米营养价值的61%~66%。不同收割期青贮玉米的营养成分见表4-16。

表4-16　青贮玉米不同收割期的营养成分

| 生长阶段 | 干物质含量（%） | 可消化蛋白质含量（%） | 维持净能（兆焦/千克） | 增重净能（兆焦/千克） | 占干物质的比例（%） | | | | |
|---|---|---|---|---|---|---|---|---|---|
| | | | | | 粗蛋白质 | 粗脂肪 | 粗纤维 | 无氮浸出物 | 灰分 |
| 乳熟期 | 19.90 | 0.90 | 7.13 | 4.12 | 8.00 | 2.50 | 25.60 | 58.20 | 5.50 |
| 糊熟期至蜡熟期 | 26.90 | 1.20 | 7.39 | 4.38 | 7.90 | 2.60 | 23.00 | 61.70 | 4.80 |
| 完熟期 | 37.70 | 1.70 | 7.34 | 4.33 | 8.00 | 2.60 | 20.70 | 64.20 | 4.50 |

秸秆青贮饲料:用秸秆做青贮饲料时必须铡得很碎。收获玉米后,秸秆的含水量为48%以上。对密封性好的青贮窖,40%～45%的水分已足够。对不密封的青贮窖,水分含量要在48%～55%。如果不够,就要加水。推荐每吨玉米秸秆青贮内加25千克玉米面或其他细粉谷物提供发酵碳水化合物。壳类青贮不必添加,因为壳内残留的子粒较多。高粱秸秆在深秋时仍保持绿色,做青贮时无须加水。

低水分青贮饲料:低水分青贮饲料是指青贮前饲料的水分含量为40%～60%。主要适用于气候太冷,玉米和高粱的生长期过短,不能制作正常青贮的地区。与正常青贮相比,低水分青贮饲料的蛋白质和胡萝卜素含量高,能量和维生素D含量低,肉牛采食的干物质量多。低水分青贮最重要的条件是尽可能排出氧气,这一点比常规青贮困难。

牧草青贮饲料:一般用于气候太冷,不适于晒制干草的地区,包括禾本科牧草青贮、豆科牧草青贮和混合牧草青贮。牧草青贮可分为3种:①收割后直接青贮,水分70%以上,效果最差。②凋萎青贮,水分60%～70%,无须加添加剂。③低水分青贮,水分40%～60%,铡短到1厘米。

(4)青贮添加剂

1)青贮添加剂的主要作用　防止营养损失和提高饲喂价值。对低质青贮,添加剂作用较大。其主要作用是:添加营养成分,提供可发酵碳水化合物,添加酸、降低pH,抑制有害细菌和霉菌的繁殖,减少氧气含量,减少水分含量,吸收可溶性养分和避免流失。

2)青贮添加剂的种类

a.尿素　可按每吨青贮干物质加4.5千克尿素,一层一层地撒入,同时每吨青贮加 0.8 千克硫酸钙,使氮硫比小于 15：1。这种做法的优点是：①使青贮饲料粗蛋白质从 8.3% 提高为 12.3%。②适口性好。③开窖后青贮饲料不会坏。

b. 酸类　①无机酸有磷酸,用于高水分青贮,但缺点大于优点,因为添加无机酸后影响青贮的适口性。②有机酸包括丙酸、乙酸、乳酸、柠檬酸和甲酸,效果优于无机酸。

发酵增强剂即助发酵剂,包括细菌培养物、酵母培养物和酶制剂。该类添加剂的缺点是活性不稳定或容易失活。

储存剂包括抗生素、盐和消毒药等。

(5)青贮饲料的制作

1)制作青贮饲料的条件　在最佳成熟阶段收割,收割时水分含量60% ~ 67%；铡的长度要合适,玉米青贮一般铡成 1 ~ 1.5 厘米,秸秆要铡得更细,这样不仅有利于装窖时压实,排出空气,而且使汁液渗出,润湿原料表面,有利于乳酸菌的发酵；适宜的水分含量为60% ~67%,如果水分超过67%,可以与粉碎的干草或秸秆混合青贮。用秸秆制作青贮饲料时,应加水使含水量达到60% ~65%。青贮原料含水量的控制是决定青贮饲料品质的重要因素。

2)判断水分含量的方法　①手挤法。抓一把铡碎的青贮原料,用力挤 30 秒,然后慢慢伸开手。伸开手后有水流出或手指间有水,含水量为 75% ~ 85%,此时太湿,不能做成优质青贮,应该晒一段时间,或与秸秆等一起青贮,或每吨加 90 千克玉米面。伸开手后料团呈球状,手湿,含水量为 68% ~ 75%,也应该晒一段时间,或每吨加 69 千克玉米面,或每层之间加一层秸秆。伸开手后料团慢慢散开,手不湿,含水量为 60% ~67%,是做青贮的最佳含水量,无须任何添加剂。伸开手后料团立即散开,含水量低于60%,要添加水分后才能青贮。②折弯法。在铡碎前,扭弯秸秆的茎时不折断,叶子柔软、不干燥,这时的含水量最合适。

实验室测定法。用实验室方法测定水分含量,优点是准确,缺点是时间长。

3)青贮饲料制作要点

第一,迅速装窖。一旦开始装窖,必须在短时间内装满,然后密封。一般要在 2 天内装完。填装时窖顶原料要高出窖边缘,呈缓坡状,以防雨水流入窖内。

第二,装窖要均匀。原料要分布均匀,压紧,避免空气残留。

第三,密封青贮。窖顶层要用塑料布或其他材料密封,然后压上重物,以免风吹漏气漏雨。对青贮过程中自然下沉所造成的裂陷,要注意及时修补。

4）优质青贮饲料的特点

a.气味　具有明显的酸香味（劣质青贮饲料有腐臭味）。

b.口感　没有刺激性口感。

c.外观　无霉变、腐烂现象。

d.水分和颜色　颜色、水分均匀，以淡绿色为好。烟叶样黄色或深黄色表明产热过多，黑色表明青贮饲料已经腐烂，不能饲喂。

e.适口性　适口性好，肉牛喜食。

（6）高水分谷物青贮　高水分谷物是指收获时谷物水分含量在22%～40%，然后不经晒干就制成青贮的谷物。优点是避免晒干过程中的损失，对肉牛的饲养价值比晒干后高。

高水分谷物有两种保存方法：一是制成青贮饲料，二是用有机酸或氨保存。有机酸包括甲酸、乙酸与丙酸的混合物；氨主要指无水氨。用有机酸处理高水分谷物时能杀死其中的霉菌等大部分微生物，酸还能穿透种皮，杀死胚芽，阻止呼吸和酶的活性，最终防止发酵产热，保存各种营养成分。有机酸的用量取决于谷物的水分含量、储存期的长短和温度。有机酸价格较贵，当水分超过30%时，可能经济上不合算。

与晒干的玉米相比，高水分玉米使肉牛日增重提高3%，饲料效率提高10%，高水分高粱也有较好的效果。高水分小麦与晒干的小麦效果相同。

高水分谷物可整粒储存在青贮塔内，但喂前要粉碎。在青贮塔内储存时，要粉碎后再储存。

# 第三节　肉牛饲料的标准化配制及安全使用

## 一、肉牛的预混合饲料配制使用技术

预混合饲料指由一种或多种添加剂原料（或单体）与载体或稀释剂搅拌均匀的混合物，又称添加剂预混合饲料或预混合饲料，目的是有利于微量原料均匀分散于大量的配合饲料中。预混合饲料不能直接饲喂动物。预混合饲料可分为单项预混合饲料和复合预混合饲料。

1. 载体、稀释剂和吸附剂的选择

（1）载体　载体是一种能够承载或吸附微量活性添加成分的微粒。微量成分被载体承载后，其本身的若干物理特性发生改变或不再表现出来，而所得

"混合物"的有关物理特性(如流动性和粒度等)基本取决于或表现为载体的特性。常用的载体有两类,即有机载体与无机载体。有机载体又分为两种:一种指含粗纤维多的物质,如次粉、小麦粉、玉米粉、脱脂米糠粉、稻壳粉、玉米穗轴粉、大豆壳粉和大豆粕粉等,含水量最好控制在8%以下;另一种为含粗纤维少的物质,如淀粉和乳糖等,这类载体多用于维生素添加剂或药物性添加剂。无机载体则为碳酸钙、磷酸钙、硅酸盐、二氧化硅、食盐、陶土、滑石、硅石、沸石粉和海泡石粉等,这类载体多用于微量元素预混合饲料的制作。制作添加剂预混合饲料可选用有机载体,或二者兼有之,可视需要而定。

(2)稀释剂　稀释剂指混合于一组或多组微量活性组分中的物质。它可将活性微量组分的浓度降低,并把它们的颗粒彼此分开,减少活性成分之间的相互反应,以增加活性成分的稳定性。稀释剂也可分为有机物与无机物两大类。有机物常用的有去胚的玉米粉、右旋糖(葡萄糖)、蔗糖、豆粕粉、烘烤过的大豆粉和带有麸皮的粗小麦粉等,这类稀释剂要求在粉碎之前经干燥处理,含水量低于10%。无机物类主要指石粉、碳酸钙、贝壳粉和高岭土(白陶土)等,这类稀释剂要求在无水状态下使用。

(3)吸附剂　吸附剂也称吸收剂。这种物质可使活性成分附着在其颗粒表面,使液态微量化合物添加剂变为固态化合物,有利于实施均匀混合。其特性是吸附性强,化学性质稳定。吸附剂一般也分为有机物和无机物两类。有机物类如小麦胚粉、脱脂的玉米胚粉、玉米芯碎片、粗麸皮、大豆细粉以及吸水性强的谷物类等。无机物类则包括二氧化硅、硅石和硅酸钙等。

实际上,载体、吸附剂和稀释剂大多是相互混用的,但从制作预混合饲料工艺的角度出发来区别它们,对于正确选用载体、稀释剂和吸附剂是有必要的。可作为载体和稀释剂的物料很多,性质各异。对添加剂预混合饲料的载体和稀释剂的要求参照表4-17。

表4-17　对载体和稀释剂物料的要求

| 项目 | 含水率(%) | 粒度(目) | 容重 | 表面特性 | 吸湿结块 | 流动性 | pH | 静电 |
|---|---|---|---|---|---|---|---|---|
| 载体稀释剂 | <10 | 30~80 | 接近承载 | 粗糙吸附性好 | 不易吸湿 | 差 | 接近 | 低 |
| | | 80~200 | 被稀释物质 | 光滑流动性好 | 防结块 | 好 | 中性 | |

2. 预混合饲料制作要求与注意事项

制作预混合饲料必须保证微量活性组分的稳定性,保证微量活性组分的均匀一致性,以及保证人和动物的安全性。

（1）制作要求　为保证产品质量，预混合饲料产品要符合如下要求：①配方设计合理，产品与配方基本一致。②混合均匀，防止分级。③稳定性良好，便于储存和加工。④浓度适宜，包装良好，使用方便。

（2）注意事项

1）配方设计应以饲养标准为依据　饲养标准中的营养需要量是在试验条件下，满足动物正常生长发育的最低需要量，实际生产条件远远超出试验控制条件。因此，在确定添加剂预混合饲料配方中各种原料用量时，要加上一个适宜的量，即保险系数或称安全系数，以保证满足牛在生产条件下对营养物质的正常需要。

2）正确使用添加剂原料　要清楚掌握添加剂原料的品质，这对保证制成的添加剂预混合饲料质量至关重要。添加剂原料使用前，要对其活性成分进行实际测定，以实际测定值作为确定配方中实际用量的依据。使用药物添加剂时要特别注意安全性。配方设计时要充分考虑实际使用条件，对含药添加剂的使用期、停药期及其他有关注意事项，要在使用说明中给予详细的注释。

3）注意添加剂间的配伍性　添加剂预混合饲料是一种或多种饲料添加剂与载体或稀释剂按一定比例混配而成的。因此，在设计配方时必须清楚了解和注意它们之间的可配伍性和配伍禁忌。

另外，注意组成预混合饲料各成分的比重是否接近，是否与后继生产的浓缩饲料和全价料组成中的主料接近。若相差太远，则容易在长途运输中产生"分级"现象，降低饲喂效果，甚至出现危险。例如，以麸皮或草粉做载体的预混合饲料，配合成浓缩饲料或全价饲料后，在运输等震动条件下会逐渐"上浮"到包装的最上层，使上下层成分差别巨大，均匀度降低。

**3. 预混合饲料配方设计方法和步骤**

第一，根据饲养标准和饲料添加剂使用指南确定各种饲料添加剂原料的用量。通常以饲养标准中规定的微量元素和维生素需要量作为添加量，还可参考确实可靠的研究和使用实践进行权衡，修订添加的种类和数量。

第二，原料选择。综合原料的生物效价、价格和加工工艺的要求选择微量元素原料，主要查明微量元素含量，同时查明杂质及其他元素含量，以备应用。

第三，根据原料中微量元素、维生素及有效成分含量或效价和预混合饲料中的需要量等计算在预混合饲料中所需商品原料量。其计算方法是：

纯原料量 = 某微量元素需要量÷纯品中元素含量（%）

商品原料量 = 纯原料量÷商品原料有效含量（或纯度）

第四,确定载体用量。根据预混合饲料在配合饲料中的比例,计算载体用量。一般认为预混合饲料占全价配合饲料的 0.1% ~ 0.5% 为宜。载体用量为预混合饲料量与商品添加剂原料量之差。

第五,列出饲料添加剂预混合饲料的生产配方。

4. 预混合饲料和饲料配方设计实例

(1)微量元素预混合饲料的配方设计实例 以育肥肉牛微量元素预混合饲料的配方设计为例。

1)根据饲养标准确定微量元素用量 由我国肉牛饲养标准中查出育肥肉牛的微量元素需要量,即每千克饲粮中的添加量为铜 8 毫克、碘 0.5 毫克、铁 50 毫克、锰 40 毫克、硒 0.3 毫克、锌 30 毫克和钴 0.1 毫克。

2)微量元素原料选择 生产中有许多微量元素饲料添加剂,其化学结构、分子式、元素含量和纯度等均有差别,根据实际情况进行选择。表 4 - 18 列出了常用的微量元素饲料添加剂无机盐的规格。

3)计算商品原料量 具体见表 4 - 18。

表 4 - 18　育肥肉牛微量元素预混合饲料计算及生产配方

| 商品原料 | 生产配方 | | | | | | |
|---|---|---|---|---|---|---|---|
| | 饲养标准规定需要量(毫克) | 纯品中元素含量(%) | 商品原料纯度(%) | 每千克全价料中用量(毫克) | 每吨全价料中用量(克) | 预混合饲料配方(%) | 每吨预混合饲料中用量(千克) |
| 硫酸铜 | 铜 8.00 | 铜 5.50 | 96.00 | 32.68 | 32.68 | 1.63 | 16.34 |
| 碘化钾 | 碘 0.50 | 碘 6.40 | 98.00 | 0.67 | 0.67 | 0.03 | 0.34 |
| 硫酸亚铁 | 铁 50.00 | 铁 0.10 | 98.50 | 252.54 | 252.54 | 12.63 | 126.27 |
| 硫酸锰 | 锰 40.00 | 锰 2.50 | 98.00 | 125.59 | 125.59 | 6.28 | 62.80 |
| 亚硒酸钠 | 硒 0.30 | 硒 30.00 | 95.00 | 1.05 | 1.05 | 0.05 | 0.53 |
| 硫酸锌 | 锌 30.00 | 锌 2.70 | 99.00 | 133.49 | 133.49 | 6.67 | 66.75 |
| 硫酸钴 | 钴 0.10 | 钴 8.00 | 98.00 | 0.27 | 0.27 | 0.01 | 0.14 |
| 载体 | | | | 1 453.71 | | 72.7 | 726.83 |
| 合计 | | | | 2 000 | | 1 00 | 1 000 |

每千克全价配合饲料商品原料量 = 某微量元素需要量 ÷ 纯品中该元素含量 ÷ 商品原料纯度

每吨全价配合饲料中商品原料量＝每千克全价配合饲料商品原料量×1 000

4）计算载体用量　若预混合饲料在全价配合料中占 0.2%（即每吨全价配合饲料中含预混合饲料 2 千克）时,则预混合饲料中载体用量等于预混合饲料量与微量元素盐商品原料量之差。

5）给出生产配方　生产配方见表 4－19。

表 4－19　泌乳奶牛维生素预混合饲料计算及生产配方

| 商品原料 | 添加量(国际单位/千克) | 原料中有效成分含量(国际单位/千克) | 每千克全价料中用量(克) | 生产配方 | | |
|---|---|---|---|---|---|---|
| | | | | 每吨全价料中用量(克) | 预混合饲料配方(%) | 每吨预混合饲料中用量(千克) |
| 维生素 A | 6 400 | 500 000 | 0.0128 | 12.80 | 2.56 | 25.60 |
| 维生素 D | 2 400 | 500 000 | 0.0048 | 4.80 | 0.96 | 9.60 |
| 维生素 E | 30 | 500 | 0.06 | 60.00 | 12.00 | 120 |
| 抗氧化剂（BHT） | | | | 0.80 | 0.16 | 1.60 |
| 载体 | | | | 421.60 | 84.32 | 843.20 |
| 合计 | | | | 500 | 100 | 1 000 |

（2）维生素添加剂预混合饲料配方设计实例　以泌乳牛维生素预混合饲料的配方设计为例。

1）需要量和添加量的确定　查奶牛饲养标准,可得泌乳奶牛对维生素的需要量,并考虑预混合饲料生产过程、混入饲料的加工过程以及饲喂过程中可能的损耗和衰减量来决定实际加入量。标准需要量为维生素 A 3 200 国际单位、维生素 D 1 200 国际单位、维生素 E 15 国际单位。根据饲养管理水平和工作经验等进行调整给出的添加量为:维生素 A 6 400 国际单位、维生素 D 2 400 国际单位、维生素 E 30 国际单位。

2）根据维生素商品原料的有效成分含量计算原料用量　商品维生素原料用量＝某维生素添加量÷原料中某维生素有效含量

（3）复合预混合饲料配方设计　复合预混合饲料设计步骤与设计微量元素或维生素预混合饲料配方时基本相似,即确定添加量、选择原料并确定其中有效成分含量、计算各原料和载体用量及百分含量。

## 二、肉牛的浓缩饲料配制使用技术

浓缩饲料,又称平衡用配合料。浓缩饲料主要有蛋白质饲料、常量矿物质饲料(钙、磷、食盐)和添加剂预混合饲料,通常为全价饲料中除去能量饲料的剩余部分。它一般占全价配合饲料的20%~50%,加入一定能量饲料后组成全价料饲喂动物。

浓缩饲料中各种原料配比,随原料的价格和性质不同而异。一般蛋白质含量占40%~80%(其中动物性蛋白质15%~20%),矿物质饲料占15%~20%,添加剂预混合饲料占5%~10%。

1. 浓缩饲料配制基本原则

第一,按设计比例加入能量饲料以及蛋白质饲料或麸皮、秸秆等之后,总的营养水平应达到或接近营养需要量,或是主要指标达到营养标准的要求。例如,能量、粗蛋白质、钙、磷、维生素、微量元素及食盐等,有时浓缩料中的某些成分亦针对地区性进行设计。

第二,依据品种、生长阶段、生理特点和生产产品的要求设计不同的浓缩料。通用性在初始的推广应用阶段,尤其在农村很重要,它能方便使用、减少运输和节约运费等,但成分上不尽合理,所以最好有针对性地生产。

第三,浓缩料的质量保护,除使用低水分的优质原料外,防霉剂、抗氧化剂的使用及良好的包装必不可少,水分应低于12.5%。

第四,浓缩饲料在全价配合饲料中所占比例以30%~50%为宜。为方便使用,最好使用整数,如30%或40%。所占比例与蛋白质原料、矿物质及维生素等添加剂的量有关。比例太低时用户需要的配合原料种类增加,厂家对产品的质量控制范围减小。比例太高时,失去浓缩的意义。因此,应本着有利于保证质量又充分利用当地资源、方便群众和经济实惠的原则进行比例确定。

第五,一些感官指标应受用户的欢迎,如粒度、气味、颜色、包装等都应考虑周全。

2. 浓缩饲料配方设计方法

(1)先设计出精饲料补充料配方,然后计算出浓缩饲料配方

第一,查饲养标准,得出日粮配方营养需要量。

第二,根据实际情况,选用和确定饲料原料品种,并查饲料成分及营养价值表,列出各种饲料原料的营养价值。

第三,确定精粗饲料比例,确定精粗饲料品种,根据采食量计算精饲料补

充料的营养要求。

第四,计算精饲料补充料的配方。

第五,验算精饲料补充料配方营养含量。

第六,补充矿物质及添加剂。

第七,计算出浓缩饲料配方。

第八,列出日粮配方。

(2)直接计算浓缩饲料配方

第一,查饲养标准,得出营养需要量。

第二,根据经验和生产实际情况,选用和确定饲料原料品种,并查饲料成分及营养价值表,列出各种饲料原料的营养价值。

第三,确定精粗饲料比例和能量饲料与浓缩饲料比例,根据采食量、能量饲料比例及饲料种类等计算浓缩饲料的营养要求。

第四,确定浓缩饲料种类,计算浓缩饲料的配方。

第五,验算配方营养含量。

第六,补充矿物质及添加剂。

第七,列出配方。

3. 浓缩饲料配方设计实例

现以设计体重600千克、日产奶20千克、乳脂率为3.596%的泌乳奶牛浓缩饲料配方为例,具体计算如下:

第一,查饲养标准可得到营养需要为干物质15.32千克,产奶净能101.7兆焦,可消化粗蛋白质1 424克,钙120克,磷83克。则每千克日粮营养含量为:产奶净能6.64兆焦/千克,可消化粗蛋白质9.30%,钙0.78%,磷0.54%。

第二,确定精、粗比例为60∶40,假定用户的粗饲料为玉米秸秆,计算精饲料补充料能达到的营养水平,以(总营养需要－玉米秸秆养分含量×40%)÷60%即可得到,如精饲料补充料的产奶净能含量为(6.64－4.22×40%)÷60% =8.25兆焦/千克,具体见4－20所示。

表4－20 精饲料补充料所能达到的营养水平

| 饲料 | 占日粮中比例(%) | 产奶净能(兆焦/千克) | 可消化粗蛋白质含量(%) | 钙含量(%) | 磷含量(%) |
|---|---|---|---|---|---|
| 玉米秸秆 | 40 | 4.22 | 2.00 | 0.43 | 0.25 |
| 精饲料补充料 | 60 | 8.25 | 14.17 | 1.01 | 0.73 |

第三,确定能量饲料与浓缩饲料的比例为60∶40,假定用户的能量饲料为

玉米和麸皮,计算能量饲料所能达到的营养水平(表4-21)。

表4-21　能量饲料所能达到的营养水平

| 饲料 | 占日粮中比例(%) | 产奶净能(兆焦/千克) | 可消化粗蛋白质含量(%) | 钙含量(%) | 磷含量(%) |
|---|---|---|---|---|---|
| 玉米 | 50 | 8.07 | 5.70 | 0.02 | 0.24 |
| 麸皮 | 10 | 6.77 | 9.60 | 0.13 | 1.05 |
| 合计 | 60 | 14.84 | 15.30 | 0.15 | 1.29 |

第四,计算浓缩饲料各营养成分所能达到的水平。例如,已知能量饲料所能提供的可消化粗蛋白质水平为3.81%,要使精饲料补充料可消化粗蛋白质达到14.17%,则40%浓缩料的可消化粗蛋白质含量为:(14.17% ~ 3.81%)÷0.4×100% =25.90%,采用相同方法可以计算出其他养分在浓缩料中的含量为:产奶净能8.85兆焦/千克,可消化粗蛋白质25.90%,钙2.48%,磷1.25%。

第五,选择浓缩饲料原料并确定其配比。原料的选择要因地制宜,根据来源、价格和营养价值等方面综合考虑而定。重点考虑的营养指标是可消化粗蛋白质、常量矿物元素钙和磷(表4-22)。

表4-22　蛋白质饲料的营养成分

| 饲料 | 产奶净能(兆焦/千克) | 可消化粗蛋白质(克/千克) | 钙含量(%) | 磷含量(%) |
|---|---|---|---|---|
| 豆饼 | 9.15 | 308 | 0.35 | 0.55 |
| 棉子饼 | 8.18 | 236 | 0.30 | 1.30 |
| 花生饼 | 9.50 | 335 | 0.27 | 0.58 |

选用原料为豆粕、棉粕、花生饼、磷酸氢钙和石粉,先采用交叉法计算蛋白质原料比例。

求出各种精饲料和拟配浓缩料的粗蛋白质(克)与产奶净能之比:棉子饼=236÷8.18≈28.85,豆饼=308÷9.15≈33.66,花生饼=335÷9.50≈35.26,拟配浓缩饲料=259÷8.85≈29.26。预留矿物质及添加剂10%,则拟配浓缩饲料=29.26÷90%≈32.51。

用对角线法算出各种蛋白质饲料的用量。

首先将各蛋白质饲料按蛋白质÷能量分为高于和低于拟配浓缩饲料两类,然后一高一低两两搭配成组。若出现不均衡现象,可采用经验法将其合并。将拟配浓缩饲料蛋白质÷能量写在中间,其他饲料按高低搭配,分别写在左上角和左下角。

将对角线中心数字 32.51 按对角线方向依次减去左边数字,所得绝对值放在右边相应对角上。然后所得数据分别除以总和乘以 95%,即得各种原料的配比。

棉子饼:$(2.75+1.15)÷11.22×90%≈31.28\%$

豆饼:$3.66÷11.22×90%≈29.36\%$

花生饼:$3.66÷11.22×90%≈29.36\%$

第六,验算浓缩饲料配方营养含量,见表 4-23。

| 饲料原料 | 比例(%) | 产奶净能(兆焦/千克) | 可消化粗蛋白质(克/千克) | 钙含量(%) | 磷含量(%) |
|---|---|---|---|---|---|
| 花生饼 | 29.36 | 9.50 | 335 | 0.27 | 0.58 |
| 豆饼 | 29.36 | 9.15 | 308 | 0.35 | 0.55 |
| 棉子饼 | 31.28 | 8.18 | 236 | 0.301.30 | |
| 合计 | 95 | 8.03 | 262.6 | 0.28 | 0.74 |
| 要求 | | 8.85 | 259.0 | 2.48 | 1.25 |
| 相差 | | -0.82 | +3.60 | -2.20 | -0.51 |

第七,补充矿物质及添加剂。

根据前面计算可知缺乏的矿物质量,补充矿物质时,先补充磷,再补充钙。用磷酸钙补充磷,再用石粉补充钙。

磷酸氢钙含钙 21.85%、含磷 16.50%。石粉含钙 39.49%。

磷酸氢钙用量 $=0.51\%÷16.50\%≈3.09\%$

石粉用量 $=(2.20\%-21.85\%×3.09\%)÷39.49\%×100\%≈3.86\%$

另加食盐和添加剂预混合饲料。

## 三、肉牛的精饲料补充料配制使用技术

精饲料补充料,由能量饲料、蛋白质饲料、矿物质饲料及添加剂组成,它不单独构成饲料,主要是用以补充采食饲草不足的那一部分营养。

### 1. 精饲料补充料配制基本原则

设计精饲料补充料配方时,除应遵循一般的配方原则外,还应注意以下几

点：

（1）根据生产性能来确定配方　应根据生产性能来确定配方，而不是先有了饲料配方再来期待动物的生产性能。只有这样才能充分发挥牛的生产潜力，同时又提高了饲料的利用率。

（2）尽可能利用当地的饲料原料来配制饲粮　对于广大的农村，应该采用常规饲料原料＋非常规饲料原料＋适当加工＋科学配制＋针对性的添加剂，通过逐步实验来推广。这样，生产性能可能略低，但由于成本较低，在经济效益尤其是生态效益上具有极大的优势。

（3）注意采食量和精粗饲料比例　日粮精粗饲料的比例取决于粗饲料的质量，粗饲料质量好，如苜蓿干草，精饲料比例低些。一般情况下，精粗饲料比例为40%～60%，精饲料补充料不可超过70%。设计日粮时，充分考虑采食量，确保能吃完，否则会影响肉牛的生产性能。

（4）注意质量要求　①感官要求。色泽一致，无发霉变质，无结块及异味。②北方地区水分不高于14.0%，南方地区水分不高于12.5%，符合下列情况之一时，可允许增加0.5%的含水量：平均气温在10℃以下的季节；从出厂到饲喂期不超过10天；精饲料补充料中添加有规定量的防霉剂者。③粒度（粉料）要求。肉牛饲料成品粒度（粉料）要求一级精饲料补充料99%通过2.80毫米编织筛，但不得有整粒谷物，1.40毫米编织筛筛上物不得大于20%；二级、三级精饲料补充料99%通过3.35毫米编织筛，但不得有整粒谷物，1.70毫米编织筛筛上物不得大于20%。奶牛饲料成品粒度（粉料）要求99%通过2.80毫米编织筛，1.40毫米编织筛筛上物不得大于20%。④精饲料补充料混合均匀，混合均匀度变异系数（CV）应不大于10%。⑤营养成分要求。肉牛和奶牛精饲料补充料营养成分指标见表4－24和表4－25。⑥卫生指标。细菌及有毒有害物质参照GB 13078的规定。

（5）注意生物安全准则　绿色、安全高效、降低环境污染、维护生态等方面是国内外大势所趋，不能仅仅只考虑经济。

表4－24　肉牛精饲料补充料的营养成分指标

| 产品分级 | 综合净能（兆焦/千克） | 营养成分含量(%) | | | | | | |
|---|---|---|---|---|---|---|---|---|
| | | 粗蛋白质 | 粗纤维 | 粗灰分 | 粗脂肪 | 钙 | 磷 | 食盐 |
| 一级料 | 7.70 | 17 | 6 | 9 | 2.5 | 0.50～1.20 | 0.40 | 0.30～1.00 |
| 二级料 | 8.10 | 14 | 8 | 7 | 2.5 | 0.50～1.20 | 0.40 | 0.30～1.00 |
| 三级料 | 8.50 | 11 | 8 | 8 | 2.5 | 0.50～1.20 | 0.40 | 0.30～1.00 |

注：精饲料补充料中若包括外加非蛋白氮物质，以尿素计，应不超过精饲料量的1.5%，并在标签中注明添加物名称、含量、用法及注意事项。犊牛料不得添加尿素，一级料适用于犊牛，二级料适用于生长牛，三级料适用于育肥牛。

表4－25　奶牛精饲料补充料的营养成分指标

| 产品分级 | 综合净能（兆焦/千克） | 营养成分含量(%) | | | | | | |
|---|---|---|---|---|---|---|---|---|
| | | 粗蛋白质 | 粗纤维 | 粗灰分 | 粗脂肪 | 钙 | 磷 | 食盐 |
| 一级料 | 7.50 | 22 | 9 | 9 | 2.5 | 0.70～1.80 | 0.50 | 0.50～1.00 |
| 二级料 | 7.20 | 20 | 9 | 9 | 2.5 | 0.70～1.80 | 0.50 | 0.50～1.00 |
| 三级料 | 7.00 | 16 | 12 | 10 | 2.5 | 0.70～1.80 | 0.50 | 0.50～1.00 |

注：精饲料补充料中若包括外加非蛋白氮物质，以尿素计，应不超过精饲料量的1.5%。

**2. 精饲料补充料配方设计方法和步骤**

第一，查饲养标准，得出日粮配方营养需要量。

第二，根据实际情况，选用和确定饲料原料品种，并查饲料成分及营养价值表，列出各种饲料原料的营养价值。

第三，确定精粗饲料比例，确定粗饲料品种，根据采食量计算精饲料补充料的营养要求。

第四，计算精饲料补充料的配方。

第五，验算精饲料补充料配方营养含量。

第六，补充矿物质及添加剂。

**3. 精饲料补充料配方设计实例**

以肉牛精饲料补充料配合举例。现在配制体重200千克、日增重1千克的肉牛日粮。

第一，查肉牛饲养标准，得出所配肉牛营养需要量如表4－26所示。

表4-26 生长育肥牛的营养需要

| 体重(千克) | 日粮中干物质(千克) | 肉牛单位能量(RND) | 综合净能(兆焦) | 粗蛋白质(克) | 钙(克) | 磷(克) |
|---|---|---|---|---|---|---|
| 200 | 5.57 | 3.45 | 27.82 | 708 | 34 | 16 |

第二,根据实际情况,选用和确定饲料原料品种,并查饲料成分及营养价值表,列出各种饲料原料的营养价值。

现在选用玉米青贮、苜蓿干草、玉米秸秆、玉米、小麦麸、豆饼和棉子饼为原料,查饲料成分及营养价值表得出表4-27。

表4-27 饲料的养分

| 饲料原料 | 干物质含量(%) | 肉牛能量单位(RND) | 综合净能(兆焦/千克) | 粗蛋白质含量(%) | 钙含量(%) | 磷含量(%) |
|---|---|---|---|---|---|---|
| 玉米青贮 | 22.70 | 0.12 | 1.00 | 1.60 | 0.10 | 0.06 |
| 苜蓿干草 | 92.40 | 0.56 | 4.51 | 16.80 | 1.95 | 0.28 |
| 玉米秸秆 | 90.00 | 0.31 | 2.53 | 5.90 | 0.05 | 0.06 |
| 玉米 | 88.40 | 1.00 | 8.06 | 8.60 | 0.08 | 0.21 |
| 小麦麸 | 88.60 | 0.73 | 5.86 | 14.40 | 0.18 | 0.78 |
| 豆饼 | 90.60 | 0.92 | 7.41 | 43.00 | 0.32 | 0.50 |
| 棉子饼 | 89.60 | 0.82 | 6.62 | 32.50 | 0.27 | 0.81 |

第三,确定精粗饲料比例,据采食量计算精饲料补充料的营养。

肉牛日粮精粗比按47:53计算,则肉牛每天采食粗饲料干物质为5.57×53% =2.95千克,每天采食精饲料干物质为2.62千克。

据经验或实际情况,粗饲料中苜蓿干草、玉米青贮定量,分别为0.5千克和10千克,剩余以玉米秸秆0.26×[(2.94 - 0.5×88.7% - 10×22.796) ÷ 90%]补充,计算粗饲料的营养含量,得出精饲料补充料中的营养需要量,如表4-28所示。

表 4-28　日粮中精饲料补充料营养含量计算

| 饲料原料 | 用量（千克） | 干物质含量（%） | 肉牛能量单位（RND） | 综合净能（兆焦/千克） | 粗蛋白质（克） | 钙（克） | 磷（克） |
|---|---|---|---|---|---|---|---|
| 总需要量 | | 5.57 | 3.45 | 27.82 | 708.00 | 34.00 | 16.00 |
| 玉米青贮 | 10.00 | 22.70 | 0.12 | 1.00 | 16.00 | 1.00 | 0.60 |
| 苜蓿干草 | 0.50 | 92.40 | 0.56 | 4.51 | 168.00 | 19.50 | 2.80 |
| 玉米秸秆 | 0.26 | 90.00 | 0.31 | 2.53 | 59.00 | 0.50 | 0.60 |
| 小麦麸 | | 2.97 | 1.56 | 12.91 | 259.30 | 19.90 | 7.60 |
| 豆饼 | | 2.60 | 1.89 | 448.70 | 14.10 | 14.91 | 8.40 |

第四,求出各种精饲料和拟配精饲料补充料的粗蛋白质(克)与能量(综合净能或肉牛能量单位)之比。

玉米 = 86÷1.00 = 86,麸皮 = 144÷0.73 ≈ 197.26,棉子饼 = 325÷0.82 ≈ 396.34,豆饼 = 430÷0.92 ≈ 467.39,拟配精饲料补充料 = 448.7÷1.89 ≈ 237.41。

第五,用对角线法算出各种精饲料的用量。

首先将各精饲料按蛋白÷能量分为高于和低于拟配精饲料补充料两类,然后一高一低两两搭配成组。若出现不均衡现象,可采用经验法将其合并。将拟配精饲料补充料蛋白÷能量写在中间,其他饲料按高低搭配,分别写在左上角和左下角。

将对角线中心数字 237.41 按对角线方向依次减去左边数字,所得绝对值放在右边相应对角上。各饲料的比例数分别除以各饲料比例数之和,再乘以 1.89,然后所得数据分别除以各自的肉牛能量单位,既得各种原料的用量。

小麦麸:158.93÷890.81×1.89÷0.73 ≈ 0.47 千克

玉米:388.91÷890.81×1.89÷1.00 ≈ 0.84 千克

棉子饼:191.56÷890.81×1.89÷0.82 ≈ 0.51 千克

豆饼:151.41÷890.81×1.89÷0.92 ≈ 0.35 千克

第六,验算精饲料混合料配方营养含量,见表 4-29。

表 4 - 29　精饲料混合料配方营养

| 饲料原料 | 用量（千克） | 干物质含量（%） | 肉牛能量单位（RND） | 综合净能（兆焦/千克） | 粗蛋白质（克） | 钙（克） | 磷（克） |
|---|---|---|---|---|---|---|---|
| 玉米 | 0.83 | 88.40 | 1.00 | 8.06 | 8.60 | 0.08 | 0.21 |
| 小麦麸 | 0.46 | 88.60 | 0.73 | 5.86 | 14.40 | 0.18 | 0.78 |
| 豆饼 | 0.35 | 90.60 | 0.92 | 7.41 | 43.00 | 0.32 | 0.50 |
| 棉子饼 | 0.50 | 89.60 | 0.82 | 6.62 | 32.50 | 0.27 | 0.81 |
| 合计 | | 1.91 | 1.89 | 15.21 | 450.60 | 3.96 | 11.13 |
| 要求 | | 2.60 | 1.89 | 14.91 | 448.70 | 14.10 | 8.40 |
| 相差 | | - 0.69 | 0 | + 0.30 | + 1.90 | - 10.14 | + 2.73 |

第七,补充矿物质及添加剂。

根据前面计算可知缺乏的矿物质量,补充矿物质时,先补充磷,再补充钙。用磷酸钙补充磷,再用石粉补充钙。

石粉用量 = 10.14 ÷ 0.3949(每克石粉中含钙量) ≈ 25.68 克。

精饲料补充料中另加1%的食盐和1%的添加剂预混合饲料。

4. 奶牛精饲料补充料配方设计举例

以体重500千克、妊娠初期、日泌乳量15千克、乳脂率为4%的成年乳牛配合精饲料补充料为例:

第一,查饲养标准得乳牛营养需要量(表4-30)。

表 4 - 30　乳牛的营养需要量

| 营养需要 | 奶牛能量单位（NND） | 粗蛋白质（克） | 钙（克） | 磷（克） |
|---|---|---|---|---|
| 维持 | 11.97 | 488 | 30.00 | 22.00 |
| 产奶 | 15.00 | 1 275 | 67.50 | 45.00 |
| 合计 | 26.97 | 1 763 | 97.50 | 67.00 |

第二,先以干草和青贮饲料(或其他多汁饲料)来满足,它们的饲喂量可按每千克体重喂优质干草2千克计,3千克青贮饲料可代替1千克干草,通常每千克体重喂给1千克干草和3千克青贮饲料。则500千克体重的泌乳牛可饲喂干草5千克,玉米青贮饲料15千克。二者可供给养分见表4-31。

表4-31　干草和青贮饲料提供的营养量

| 饲料 | 奶牛能量单位（NND） | 粗蛋白质（克） | 钙（克） | 磷（克） |
|---|---|---|---|---|
| 秋干草5千克 | 5.35 | 340.00 | 20.50 | 15.50 |
| 青贮饲料15千克 | 5.40 | 240.00 | 15.00 | 9.00 |
| 合计 | 10.75 | 580.00 | 35.50 | 24.50 |
| 与标准比较 | -16.22 | -1 183.00 | -62.00 | +42.50 |

第三,计算能量饲料和蛋白质饲料的用量,满足能量和蛋白质需要量。可以预先配好2个混合料。

如能量饲料由33%玉米、33%高粱、32%大麦和2%骨粉组成,经计算每千克能量饲料中含NND 2.35、粗蛋白质91.4克、钙6.54克和磷5.70克。

蛋白质补充饲料由50%豆饼、48%麸皮和2%骨粉组成,则每千克蛋白质补充饲料中含NND 2.55、粗蛋白质284克、钙8.46克和磷9.40克。

根据2种混合料的总营养价值,可用联立方程计算其用量:

设需能量饲料 $x$（千克）,蛋白质补充料 $y$（千克）

则:$2.35x + 2.55y = 16.22$

$91.4x + 284y = 1183$

解之得 $x = 3.59$（千克）$y = 3.01$（千克）

由 $x,y$ 值,求出玉米、高粱、大麦、豆饼和骨粉的用量。

第四,计算精饲料中钙、磷含量和需补充量,见表4-32。

表4-32　精饲料提供的营养

| 饲料 | 用量（千克） | 钙（克） | 磷（克） |
|---|---|---|---|
| 能量饲料 | 3.59 | 23.50（6.54×3.59） | 20.50（5.7×3.59） |
| 蛋白质补充饲料 | 3.01 | 25.50（8.46×3.01） | 28.30（9.4×3.01） |
| 合计 | | 49.00 | 48.80 |
| 应该补加量 | | 62.00 | 42.50 |
| 与标准比较 | | -13.00 | +6.20 |

可见磷已满足需要,钙尚差13克,另补石粉32.96克[13÷0.394 9（每克石粉中含钙量）]。

另外,食盐一般在精饲料中补加1%,也可在奶牛饮水槽设食盐砖或食盐槽,供自由采食。

第五,补充添加剂。

# 第五章  肉牛标准化饲养管理技术

犊牛处于高强度的生长发育阶段,必须饲喂较高营养水平的日粮,并且饲养管理得当,才能使肉用犊牛的潜在发育性能得到充分表现。育成母牛作为牛群后备牛,过肥或过瘦都会影响健康和繁殖,必须给予合理的饲养管理。母牛妊娠后,不仅本身生长发育需要营养,而且要满足胎儿生长发育的营养需要和为产后泌乳储积营养。架子牛是消化器官发育的高峰阶段,所以饲料应以粗饲料为主,而且应用粗饲料还可以降低饲养成本,精饲料要注意蛋白质的浓度,若精饲料中蛋白质不足,能量较高时,增重的主要为脂肪,这样会大大降低牛的生产性能。

# 第一节　犊牛标准化饲养管理技术

犊牛,指初生至断奶前这段时间的小牛。犊牛处于高强度的生长发育阶段,因此必须饲喂较高营养水平的日粮,并且饲养管理得当,才能使肉用犊牛的潜在发育性能得到充分表现。

## 一、犊牛的饲养

### (一)早喂初乳

初乳是母牛分娩后5～7天分泌的乳汁,其色深黄而黏稠,成分和7天后所产的常乳差别很大。初乳中含有大量的免疫球蛋白,具有抑制和杀死多种病原微生物的功能,使犊牛获得免疫力;初乳含有较多的镁盐,比常乳高1倍,有轻泻性,可促进胎粪的排出;初乳的酸度较高,使胃液变为酸性,能抑制有害细菌的繁殖。

犊牛出生后,应尽快让其吃到初乳。肉用犊牛通常是随母牛自然哺乳。犊牛出生后,擦干或由母牛舔干犊牛身体,约在出生后30分帮助犊牛站起,引导犊牛接近母牛乳房,若有困难,需人工辅助哺乳。若实行人工挤乳,应及时及早挤乳喂给犊牛,犊牛至少要吃足3天的初乳,不然就会影响其健康和发育。若母牛产后患病或死亡,可由同期分娩的其他健康母牛代哺初乳,即保姆牛法哺乳。在没有同期母牛初乳的情况下,也可饲喂常乳,但每千克常乳中需加5～10毫克青霉素或等效的其他抑菌素、2～3枚鸡蛋、4毫升鱼肝油配成人工初乳代替,并喂蓖麻油50～100毫升,以代替初乳的轻泻作用。初乳的喂量应根据初生犊牛的体重及健康状况确定。

### (二)饲喂常乳

一般情况下,肉用犊牛都采用随母自然哺乳,犊牛跟着母牛,让其自由采食。有些母牛由于初产或产后疾病和事故,造成泌乳量减少或没有时,就需要及时采取补救措施。出生后1个月之内母乳不足时,在哺母乳的同时应哺人工乳,并逐渐用人工乳、牛乳代替母乳,出生后1个月以后母乳不足时,可完全用人工乳饲喂。人工哺乳时,每次喂奶之后用毛巾将犊牛口、鼻周围残留的乳汁擦净,以防形成舐癖,见图5-1。

自然哺乳的前半期(90日龄前),肉用犊牛的日增重与母乳的量和质关系密切,母牛泌乳性能较好,可达到0.5千克以上;在后半期,犊牛可觅草料,逐

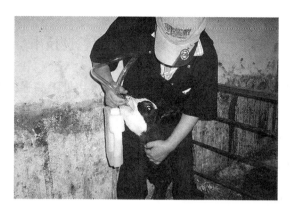

图 5 – 1　人工哺乳

渐代替母乳,减少对母乳的依赖程度,日增重应达 0.7 ~ 1 千克。若达不到以上标准,应增加母牛的补料量。肉用犊牛的喂奶量见表 5 – 1。

表 5 – 1　肉用犊牛的喂奶量

| 周龄(周) | 1 ~ 2 | 3 ~ 4 | 5 ~ 6 | 7 ~ 9 | 10 ~ 13 | 14 以后 | 全期用奶 |
|---|---|---|---|---|---|---|---|
| 小型牛(千克) | 3.70 ~ 5.10 | 4.20 ~ 6.00 | 4.40 | 3.60 | 2.60 | 11.50 | 400.00 |
| 大型牛(千克) | 4.50 ~ 6.50 | 5.70 ~ 8.10 | 60 | 4.80 | 3.50 | 2.10 | 540.00 |

**(三)犊牛补饲**

为了促进犊牛瘤胃尽早发育,可用犊牛补饲栏,犊牛生后 1 ~ 2 周,就可给予一定量的含优质蛋白质的精饲料和优质干草,这不仅有利于提高日增重,而且还有利于断奶。特别是杂交牛犊,其初生体形大,本地母牛的母乳不能满足营养需要,导致杂交牛犊的生长发育受阻,更应及早补饲。训练犊牛采食精饲料时,可用玉米、豆饼、高粱等磨成粉,并加入食盐拌匀。开始时,每天喂 10 ~ 20 克,用开水冲成粥状,抹在犊牛口腔处,诱其舔食,几天后可将精饲料拌成半湿料,喂量逐渐增加,到 1 月龄可喂到 200 ~ 300 克,2 月龄可增至 500 ~ 700 克,3 月龄时可采食 750 ~ 1 000 克。刚训练采食干草时,可在犊牛笼的草架上添加一些柔软优质的干草让犊牛自由采食。青贮饲料在 8 周龄前不宜多喂,可以补给少量切碎的胡萝卜等块根、块茎饲料,补饲后期可饲喂大量优质青干草、青贮饲料。犊牛生后 8 周内严禁喂尿素。另外,在饲喂粗料过程中应选择干净、柔软的饲料,有条件最好随母放牧。在正常情况下,通过补饲的改良犊牛一般在 6 月龄断乳时体重可达 160 ~ 170 千克,日增重 0.7 ~ 0.8 千克。

**(四)犊牛断奶**

犊牛断奶的时间应根据实际情况和补饲情况确定。肉用犊牛的哺乳期一般为5~6个月,当犊牛能采食0.5~1千克犊牛料时,就要及时断奶。犊牛料应采用含粗蛋白质16%~18%、粗脂肪2%、粗纤维3%~5%、钙0.6%、磷0.4%的配合饲料。精饲料参考配方:玉米53%、麸皮12%、豆饼32%、石粉2%、食盐1%,另加维生素A、维生素E、维生素D及微量元素添加剂。若犊牛体质较弱,可适当延长哺乳时间,原则上不超过8月龄。在生产实践中,为了缩短哺乳期,提高母牛的繁殖效率,可提前断奶或实行早期断奶。

### 二、犊牛的管理

#### (一)初生犊牛的护理

犊牛出生后5~7天称为初生期。犊牛出生后,首先用干净的毛巾拭去犊牛鼻孔和口腔中的黏液,确保新生犊牛的呼吸顺畅。若发现新生犊牛不呼吸,可用一根干净稻草或手指插入鼻孔5厘米,搔痒使其呼吸。若此办法不见效,可倒提犊牛,轻轻拍打胸部,使黏液流出。犊牛的脐带通常情况会被自然扯断,未被扯断时,用消毒剪刀在离腹部10~12厘米处将脐带剪断,将滞留在脐带内的血液和黏液挤净,并用5%的碘酒浸泡消毒。生后两天要检查犊牛脐带是否有感染,正常犊牛脐部周围柔软,如发现犊牛脐部红肿并有触痛感,即脐带感染,应立即进行处理,否则脐带感染可能发展为败血症,引起犊牛死亡。

#### (二)称重及编号

犊牛出生后第一次哺乳前,应称重。为了便于牛的管理,要对出生后的犊牛进行编号。生产上应用比较广泛的是耳标法和打耳号法。耳标可以用塑料或金属的,先在上面打上号或用不褪色的彩色笔写上号码,然后固定在牛的耳朵上;也可以用电烙编号和冷冻编号。电烙编号法是在犊牛阶段,一般是近6月龄,把牛绑定牢靠,把烧热的号码铁按在牛尻部把皮肤烫焦,痊愈后留下不长毛的号码。这种方法打出来的编号能终身留于牛体,成本低,较多使用。冷冻编号是用液氮把铜制号码降温到-197℃后让犊牛侧卧,把计划打号处尽量用刷子清理干净,用酒精湿润后把已降温的字码压在该处。这种方法牛不感到痛苦,但操作较麻烦,成本较高。

#### (三)防寒、防暑

冬季天气寒冷,特别是在我国北方,气温低、风大,应注意犊牛舍的保暖,防止贼风和穿堂风侵入,犊牛栏内要铺柔软干净的垫草,保持舍温在0℃以上。在南方地区,夏季温度、湿度较高,要注意防暑降温。

## （四）去角

作为育肥用的犊牛,去角后便于管理,防止相互间角斗。常用的去角方法有电烙法(图5-2)和氢氧化钠法两种。电烙法是先将电烙铁加热至一定温度后,牢牢地按压在角基部,直到下部组织烧灼成白色为止,但不宜太深太久,以免烧伤下层组织,烙烫后涂以青霉素软膏或硼酸粉。氢氧化钠法通常在犊牛7~10日龄时,先剪去角基部的毛,再在犊牛角基周围涂上一圈凡士林,然后用镊子夹着氢氧化钠棒在角基根上轻轻地擦抹,直到表皮有微量血丝渗出为止。犊牛去角后应经常检查,特别是在夏季,由于蚊蝇多,有可能发生化脓。如果发生化脓,可以用3%双氧水冲洗,再涂以碘酊。

图5-2　犊牛去角

## （五）运动

加强肉用犊牛的运动,以促进其采食量增加和户外阳光照射,增强其对疾病的抵抗能力,使其健康生长。舍饲犊牛生后7~10日龄,可在运动场做短时间运动,开始时0.5~1小时,以后逐渐延长运动时间。运动时间的长短应根据气候及犊牛日龄来掌握,如果犊牛出生的季节比较温暖,开始运动的时间可以早一些;若犊牛在寒冷季节出生,则运动的时间可以晚一些。但在酷热天气,午间应避免太阳直接暴晒,以免中暑;雨天不要使1月龄以下的犊牛到舍外活动。放牧饲养的犊牛从出生后3周到1个月开始放牧,放牧时要避免环境和饲养方法的急速改变。放牧前1周左右应将牛群赶到户外,使之增加对外界的适应能力,同时加强运动。放牧时应使犊牛跟随母牛,采取就近放牧的方式,逐渐延长放牧时间,放牧完后还要给母牛补饲,在放牧地也可设立犊牛单独饲喂设施。犊牛过度放牧会使其能量消耗过大而影响增重,一般每天以3~4千米为好。

**（六）饮水**

每天应给予犊牛充足洁净的饮水,在冬季应以温热的饮水供犊牛饮用,不能让犊牛饮用冰水,以免造成腹泻。

**（七）刷拭**

犊牛皮肤易被粪便及尘土黏附而形成皮垢,这样不仅降低了皮毛的保温与散热,而且使皮肤血液循环不良,还可造成犊牛舔食皮毛的恶习,增加患病的机会。坚持每天刷拭皮肤 1～2 次,不仅能保持牛体清洁,而且能养成温驯的性格。刷拭时最好用毛刷,对皮肤软组织部位的粪尘结块,可先用水浸泡,待软化后再用铁刷除去。尽量不要用铁刷乱挠犊牛的头顶和额部,否则其易形成顶撞的恶习。

**（八）卫生**

犊牛舍每天进行清扫,保证圈舍通风、干燥、清洁、阳光充足。对补饲及饮水器具应定期消毒,犊牛料要少喂勤添,以保证饲料新鲜、卫生。

# 第二节　育成母牛标准化饲养管理技术

一般将断奶后直到初次分娩前的母牛称为育成母牛。这一阶段也是性成熟的时期,母牛从发情、配种,进入怀孕、产犊的时期。作为牛群后备牛,过肥或过瘦都会影响健康和繁殖。因此,育成母牛生长发育是否正常,直接关系到牛群的质量,必须给予合理的饲养管理。

## 一、育成母牛的饲养

犊牛 6 月龄断奶后就进入育成期。这一时期小牛生长快,要保证日增重0.4 千克以上,否则会使预留的繁殖用小母牛初次发情期和适宜配种繁殖年龄推迟,肉用的育成牛发育受阻,影响肥育效果。根据育成母牛的营养需要(表 5－2)进行日粮的配制。

表 5-2  育成母牛的营养需要

| 体重（千克） | 日增重（千克） | 日粮中干物质含量（千克） | 粗蛋白质含量（克） | 维持净能（兆焦） | 增重净能（兆焦） | 钙含量（克） | 磷含量（克） | 胡萝卜素含量（毫克） |
|---|---|---|---|---|---|---|---|---|
| 125 | 0 | 2.2 | 210 | 12.0 | 0 | 4 | 4 | 16.5 |
| | 0.6 | 3.2 | 460 | | 6.23 | 19 | 9 | 19.5 |
| | 0.8 | 3.4 | 520 | | 8.49 | 21 | 11 | 20.0 |
| 150 | 0 | 2.5 | 240 | 13.9 | 0 | 5 | 5 | 18.5 |
| | 0.6 | 4.1 | 480 | | 6.9 | 20 | 10 | 22.0 |
| | 0.8 | 4.7 | 540 | | 9.6 | 25 | 12 | 23.5 |
| 200 | 0 | 3.1 | 290 | 17.1 | 0 | 7 | 7 | 21.5 |
| | 0.6 | 4.9 | 520 | | 8.6 | 20 | 11 | 26.5 |
| | 0.8 | 5.9 | 570 | | 11.9 | 23 | 12 | 30.0 |
| 250 | 0 | 3.7 | 350 | 20.3 | 0 | 9 | 9 | 24.5 |
| | 0.6 | 5.7 | 560 | | 10.2 | 19 | 12 | 31.5 |
| | 0.8 | 6.9 | 610 | | 14.1 | 23 | 13 | 37.5 |
| 300 | 0 | 4.3 | 395 | 23.2 | 0 | 10 | 10 | 36.0 |
| | 0.4 | 5.9 | 550 | | 7.4 | 16 | 12 | 34.5 |
| | 0.8 | 7.7 | 640 | | 16.1 | 22 | 14 | 42.0 |
| 350 | 0 | 4.8 | 450 | 26.1 | 0 | 11 | 11 | 30.5 |
| | 0.4 | 6.2 | 590 | | 8.3 | 17 | 14 | 37.0 |
| | 0.6 | 7.8 | 640 | | 13.1 | 19 | 14 | 43.5 |
| 400 | 0 | 5.4 | 490 | 28.8 | 0 | 12 | 12 | 33.0 |
| | 0.2 | 6.2 | 550 | | 4.2 | 16 | 14 | 38.0 |
| | 0.4 | 8.0 | 630 | | 9.2 | 17 | 15 | 46.0 |

**（一）前期饲养（断奶至1岁）**

断乳后的幼牛由依靠母乳为主过渡到完全靠自己独立生活,刚断奶的牛,由于消化机能比较差,为了防止断奶应激和消化不良,重点把握哺乳期与育成期的过渡,应提供适口性好、能满足其营养需要的饲料。这一时期幼牛正处于强烈生长发育时期,是骨髓和肌肉的快速生长阶段,体躯向高度和长度两个方向急剧增长,性器官和第二性征发育很快,但消化机能和抵抗力还没有发育完全。同时,经过犊牛期植物性饲料的锻炼,其前胃已有了一定的容积和消化青饲料的能力。另外,消化器官本身处于强烈的生长发育阶段,需增加青粗饲料的喂给量进行继续锻炼。因此,在饲养上要求供给足够的营养物质,满足其生长需要,以达到最快的生长速度,而且所喂饲料必须具有一定的容积,以刺激其前胃的生长。此期饲喂的饲料应选用优质干草、青干草、青贮饲料、加工作物的秸秆等,作为辅助粗饲料应少量添加,同时还必须适当补充一些混合精饲料。从9~10月龄开始,便可掺喂秸秆和谷糠类粗饲料,其比例应占粗饲料总量的30%~40%,日粮配方可参考该配比:混合精饲料1.8~2.0千克,优质青干草2.0千克,青贮饲料6.0千克,精饲料应占日粮总量的40%~50%;混合精饲料配方如下:玉米40%、麸皮20%、豆饼20%、棉子饼10%、尿素2%、食盐2%、贝壳粉2%、碳酸钙3%、微量元素添加剂1%。

在放牧条件下,每日除放牧以外,回舍后要补饲优质青干草及营养价值全面的高质量混合精饲料。牧草良好时日粮中的粗饲料和大约一半的精饲料可由牧草代替,牧草较差时则必须补饲青饲料和精饲料,如以农作物秸秆为主要粗饲料时,每天每头牛应补饲1.5千克混合精饲料,以期获得0.6~1.0千克较为理想的日增重。青饲料的采食量:7~9月龄为18~22千克,10~12月龄为22~26千克。

**(二)中期饲养(1岁至配种)**

此阶段育成母牛消化器官进一步扩大,为了促进其消化器官的生长,消化能力的增强,日粮应以粗饲料和易消化饲料为主,其比例应占日粮总量的75%,其余25%为混合饲料,以补充能量和蛋白质的不足。此时育成母牛既无妊娠负担,也无产奶负担,通常日粮水平只要能满足母牛的生长即可。这一时期的育成母牛肥瘦要适宜,七八成膘,最忌肥胖,否则脂肪沉积过多,会造成繁殖障碍,还会影响乳腺的发育。但如饲养管理不当而发生营养不良,则会导致育成母牛生长发育受阻,体躯瘦小,初配年龄滞后,很容易产生难配不孕牛。

利用好的干草、青贮饲料、半干青贮饲料添加少量精饲料就能满足这一时期母牛的营养需要,可使牛达到0.6~0.65千克的日增重。在优质青干草,多汁饲料不足和计划较高日增重的情况下,则必须每天每头牛添加1.0~1.3千克的精饲料。具体配方可参考:玉米青贮饲料15千克,优质青干草3~5千克,混合精饲料2.5~3.0千克。分散饲养在农户的母牛以放牧饲养为主。一般情况下,单靠放牧期间采食青草很难满足其生长发育需要,应根据草场资源情况适当地补饲一部分精饲料,一般每天每头 0.5~1 千克,能量饲料以玉米为主,一般占 70%~75%,蛋白质饲料以豆饼为主,一般占 25%~30%,还可准备一些粗饲料如玉米秸秆、稻草等,铡短,让其自由采食。精粗料的补给与否以及量的大小,应视草场和牛生长发育具体情况而定,发育好则可减少或停止饲料补给,发育差的则可适当增加饲料给量。夏季放牧应避开酷热的中午,增加早、晚放牧时间,以利于牛采食和休息。育成母牛在 16~18 月龄,体重达到成年母牛体重的 75%~80% 为佳,当本地母牛体重达 210 千克,杂交母牛 260~280 千克即可配种。

**(三)后期饲养(配种至初次分娩)**

这时母牛已配种受胎,生长缓慢下来,体躯显著向宽深发展,在丰富的饲养条件下体内容易贮积过多脂肪,导致牛体过肥,引起难产、产后综合征。但如果饲料过于贫乏,又会使牛的生长受阻,导致体躯狭浅、四肢细高,泌乳能力差。因此,在此期间,饲料应多样化、全价化,应以优质干草、青草、青贮饲料和少量氨化麦秸秆作为基础饲喂,青饲料日喂量 35~40 千克,精饲料可以少喂甚至不喂。直到妊娠后期尤其是妊娠最后 2~3 个月,由于体内胎儿生长发育所需营养物质增加,为了避免压迫胎儿,要求日粮体积要小,但要提高日粮营养浓度,减少粗饲料,增加精饲料,可每天补充 2~3 千克精饲料;如有放牧条件,则育成母牛应以放牧为主,在良好的草地上放牧,精饲料可减少 30%~50%,放牧回来后,如未吃饱,仍应补喂一些干草和多汁饲料。

**二、育成母牛的管理**

**(一)分群**

育成牛最好 6 月龄时分群饲养,把育成公牛和母牛分开,以免早配,影响生长发育。同时,育成母牛应按年龄、体格大小分群饲养,月龄差异 1.5~2 个月,活重 25~30 千克。

**(二)加强运动**

尤其舍饲培育的种用品种母牛,每天可驱赶运动 2 小时左右。妊娠后期的母牛要注意做好保胎工作,与其他牛分开,单独组群饲养,防止母牛间挤撞、滑倒,不鞭打母牛,不饲喂霉变饲料、冰冻饲料,不饮脏水。

**(三)刷拭**

为了保持牛体清洁,促进皮肤代谢,每天刷拭 1~2 次,每次 5~10 分。

小illustration

### (四)乳房按摩

为了促进育成母牛乳腺组织的发育,提高产奶量,并养成母牛温驯的性格,使乳肉兼用牛分娩后容易接受挤奶,从配种后开始,在每天上槽后按摩乳房1~2分,一般早、晚按摩2次,到产前1~2个月停止按摩乳房。

## 第三节 繁殖母牛标准化饲养管理技术

### 一、妊娠母牛的饲养管理

母牛妊娠后,不仅本身生长发育需要营养,而且要满足胎儿生长发育的营养需要和为产后泌乳储积营养。妊娠母牛在妊娠初期,由于胎儿生长发育较慢,其营养需求较少,一般按空怀母牛进行饲养,以粗饲料为主,适当搭配少量精饲料。母牛妊娠最后3个月是胎儿增重最多的时期,需要从母体吸收大量营养。一般在母牛分娩前,至少要增重45~70千克,才能保证产犊后的正常泌乳与发情,所以在这一时期,要满足母牛的蛋白质、矿物质、维生素的需要。母牛除供给平常日粮外,每天需补喂1.5千克精饲料,妊娠最后2个月,母牛的营养直接影响着胎儿生长和本身营养储积,如果此期营养缺乏,容易造成犊牛初生重低、母牛体弱和奶量不足,严重缺乏营养还会造成母牛流产。所以这一时期要加强营养,每天应补加2千克精饲料,但不应将母牛喂得过肥,以免影响分娩。

放牧情况下,母牛在妊娠初期,青草季节应尽量延长放牧时间,一般不补饲。枯草季节,应根据牧草质量和牛的营养需要确定补饲草料的种类和数量。特别是怀孕后期的2~3个月,应重点补饲,每天加喂0.5~1千克胡萝卜以补充维生素A,精饲料每天补0.8~1.1千克,精饲料配方:玉米50%、麸皮类10%、油饼类30%、高粱7%、石粉2%、食盐1%。

舍饲情况下,按以青粗饲料为主适当搭配精饲料的原则,参照饲养标准配合日粮。粗饲料以玉米秸秆为主时,由于蛋白质含量低,要搭配1/3~1/2优质豆科牧草,再补饲饼粕类,也可以用尿素代替部分饲料蛋白质,每头牛每天添加1 200~1 600国际单位维生素A。怀孕牛禁喂棉子饼、菜子饼、酒糟等饲料,也不能喂冰冻、腐败、发霉饲料。饲喂顺序:在精饲料和多汁饲料较少(占日粮干物质10%以下)的情况下,可采用先粗后精的顺序饲喂,即先喂粗饲料,待牛吃半饱后,在粗饲料中拌入部分精饲料或多汁饲料碎块,引诱牛多采食,最后把余下的精饲料全部投饲,吃净后下槽。若精饲料量较多,可按先精后粗的顺序饲喂。

妊娠母牛应做好保胎工作,要防止母牛过度劳役、挤撞、猛跑而造成流产、早产。妊娠后期的母牛应同其他牛群分别组群,单独放牧在附近的草场,并且不要鞭打、驱赶母牛,不要在有露水的草场上放牧。每天至少刷拭牛体 1 次,以保持牛体清洁。自由饮水,不饮脏水、冰水,水温要求 8～10℃。在饲料条件较好时,应避免过肥和运动不足。充足的运动可增强母牛体质,促进胎儿生长发育,并可防止难产,舍饲妊娠母牛每天运动 2 小时左右。临产前应注意观察,做好接产准备工作,保证安全分娩。

### 二、带犊母牛的饲养管理

母牛分娩的最初几天,身体虚弱,消化机能差,尚处于身体恢复阶段,要限制精饲料及根茎类饲料的喂量。这一时期如果营养过于丰富,特别是精饲料量过多,可引起母牛食欲下降,消化失调,易加重乳房水肿或乳腺炎,还可能因为钙、磷代谢失调而患产乳热。体弱母牛要求产后 3 天内只喂优质干草和少量以麦麸为主的精饲料,4 天后喂给适量的精饲料和多汁饲料。根据母牛乳房和消化系统的恢复状况适当增加精饲料喂量,每天不超过 1 千克,待乳房水肿完全消失后可增至正常,一般产后 1 周增至正常喂量。母牛分娩 3 周后,泌乳量迅速增加,此时对能量、蛋白质、钙、磷的需要量增加,所以要增加精饲料的用量,日粮粗蛋白质含量以 10%～11% 为宜,并提供优质粗饲料,饲料要多样化,一般精粗饲料由 3～4 种组成,并大量饲喂青绿、多汁饲料。要保证粗饲料的品质,以秸秆为主时,应多喂胡萝卜等含胡萝卜素较多的饲料,或在日粮中每头每天添加维生素 A 1 200～1 600 国际单位。分娩 3 个月后,母牛的产奶量下降,这个时期要适当减少精饲料的喂量,防止母牛过肥。为了避免产奶量急剧下降,要加强运动,每天应刷拭牛体,给足饮水。

每天应擦洗母牛乳房,保持其清洁,因为肉用犊牛一般是自然哺乳,而牛有趴卧的习惯,容易使乳房变脏,如不定时清洗,很容易使犊牛感染病原微生物而导致腹泻。在整个饲养期,变换饲料时不宜太突然,一般要有 7～10 天的过渡期,不喂发霉、腐败、含有残余农药的饲料,并注意清除混入草料中的铁钉、金属丝、铁片、玻璃等异物。

# 第四节　肉用架子牛标准化饲养管理技术

架子牛通常是指未经肥育或不够屠宰体况的幼牛,是幼牛在恶劣的环境条件下或日粮营养水平较低的情况下,生长发育未受阻,但生长速度下降,骨髓、内脏和部分肌肉优先发育,搭成骨架,形成架子牛。犊牛如在春季出生,然后随母哺乳,随放青草,断奶后已是冬季,天气寒冷,使得牛的维持需要增加,而越冬饲料营养贫乏,不能满足牛的正常生长发育需要,就形成了架子牛。架子牛年龄为1~3岁,它一般专门用于肥育。

## 一、肉用架子牛的饲养

架子牛的营养需要由维持和生长发育速度两方面决定。根据补偿生长的规律,在架子牛阶段的平均日增重,一般大型种牛不低于0.45千克,小型品种不低于0.35千克。架子牛营养贫乏时间不宜过长,否则肌肉发育受阻,影响胴体质量,严重时丧失补偿生长的机会,形成"小老头"牛。营养贫乏也使得消化器官代偿性地生长,内脏比例较大。当架子牛体重达250~350千克时,即可开始育肥,架子牛阶段拉得越长,用于维持营养需要的比例越大,经济效益就越低。

架子牛是消化器官发育的高峰阶段,所以饲料应以粗饲料为主,粗饲料过少,消化器官就会发育不良,而且应用粗饲料还可以降低饲养成本;所需的精饲料要注意蛋白质的浓度,若精饲料中蛋白质不足,能量较高时,增重的主要为脂肪,这样会大大降低牛的生产性能。架子牛组织的发育是以骨髓发育为主,日粮中的钙、磷含量及比例必须合适,以避免形成体形小的架子牛,降低其经济价值。

架子牛可以采取舍饲饲养或放牧饲养。舍饲可以采取散放式,充分利用竞食性提高采食量。采取放牧饲养可节约成本,在青草季节放牧,不需要补料也可获得正常日增重。放牧饲养时必须注意补充食盐,牧草中的钾含量是钠的几倍甚至十几倍,牛在放牧中采食牧草,可吸收大量的钾,满足自身需要,但容易引起钠的缺乏,所以在饲养时应每天补充钠。在生产实际中补充食盐的最好方式是自由舔食盐砖,也可按每100千克体重5~10克喂食,但不能数天集中补一次。

## 二、肉用架子牛的管理

### （一）分群

一般按性别、年龄、体形、性情等分群、分圈饲养，避免乱配、以强凌弱、惊扰牛群，引起不必要的麻烦，同时可满足不同生长发育速度的牛对不同营养需要的要求。

### （二）驱虫

架子牛阶段往往在比较寒冷的季节，寄生虫会聚集于牛体过冬，干扰牛群并使牛体消瘦、致病，还可使牛皮等产品质量下降，一般可在春、秋两季各进行一次体内、外驱虫。

### （三）饮水

由于架子牛是以粗饲料为主，食糜的转移、消化吸收、反刍等都需要大量的水，应供给洁净、充足的温水。自由饮水时，控制水温不结冰即可。

### （四）称重

架子牛每月或隔月称重，检查牛体生长发育情况，以此作为调整日粮的依据，避免形成僵牛。

### （五）运动

架子牛有活泼好动的特点，但主要用于肥育，一般不强调运动，可把放牧当作一种运动的方式。

# 第六章　肉牛标准化育肥技术

育肥是使日粮中的营养成分含量高于牛本身维持和正常生长发育所需的营养,使多余的营养以脂肪的形式沉积于体内,获得高于生长发育的日增重,缩短出栏年龄,达到育肥。肉牛育肥的目的是科学应用饲料和管理技术,增加屠宰牛的肉和脂肪,改善肉质,从而在降低饲料成本的条件下获得最高的产肉量和营养价值高的优质肉。肉牛的育肥一般包括犊牛的育肥、育成牛的育肥、成年牛的育肥。

# 第一节　犊牛标准化育肥技术

犊牛育肥是指犊牛生后至1周岁内出栏,用全乳、脱脂乳或代用乳、精饲料等饲喂犊牛。作为育肥用的犊牛应选择优良的肉用品种、乳用品种、兼用品种或杂交牛犊,性别最好是公犊,初生重在35千克以上、头方大、前管围粗壮、蹄大、健康状况良好,无遗传病与生理缺陷。犊牛育肥可以生产出小牛肉和小白牛肉。

小牛肉是按牛出生后饲养至1周岁之内屠宰所产的肉。小白牛肉指犊牛生后14～16周龄,完全用全乳、脱脂乳或代用乳饲喂,不喂其他任何饲料,使其体重达到100千克左右屠宰后所产的肉。小牛肉和小白牛肉富含水分,鲜嫩多汁,蛋白质含量高而脂肪含量低,很受欢迎。

小白牛肉生产技术要点:3月龄前的平均日增重必须达到0.7千克以上。犊牛生后1周内,一定要吃足初乳,然后与其母牛分开,实行人工哺乳,每天哺喂3次。为了减少牛奶的消耗,可采用代乳料加人工乳,犊牛代乳料配方见表6-1。平均每13千克代乳料或人工乳生产1千克小白牛肉,犊牛每喂10千克全乳大约长1千克牛肉,因此,小白牛肉生产不仅饲喂成本高,牛肉售价也高,其价格是一般牛肉价格的8～10倍。

表6-1　犊牛代乳料配方

| 原料 | 配方1(%) | 配方2(%) | 配方3(%) |
|------|----------|----------|----------|
| 脱脂乳粉 | 78.5 | 72.5 | 79.6 |
| 动物性脂肪 | 20.2 | 13.0 | 12.5 |
| 植物性脂肪 |  | 2.2 | 6.5 |
| 大豆磷脂 | 1.0 | 1.8 | 1.0 |
| 乳糖 |  | 9 |  |
| 维生素、矿物质 | 0.3 | 1.5 | 0.4 |

小牛肉的生产:犊牛出生后3天内可以采用随母哺乳,也可采用人工饲喂初乳,出生3天后改为人工哺乳,1月龄内按体重的8%～9%喂给牛奶或采用代乳料。精饲料从7～10日龄开始训练采食后逐渐增加到0.5～0.6千克,青干草或青草任其自由采食,1月龄后喂奶量保持不变,精饲料和青干草则继续增加,直至育肥到出栏。犊牛育肥期混合精饲料配方为玉米60%、油饼类

18%~20%、糠麸类13%~15%、植物油脂类3%、石粉或磷酸氢钙2.5%、食盐1.5%,混合精饲料中加适量抗生素、微量元素和维生素。生产小牛肉的饲养方案见表6-2。

表6-2 生产小牛肉的饲养方案

| 周龄(周) | 体重(千克) | 日增重(千克) | 喂全乳量(千克) | 喂配合料量(千克) | 青草或青干草 |
| --- | --- | --- | --- | --- | --- |
| 0~4 | 40~59 | 0.6~0.8 | 5~7 | | |
| 5~7 | 60~79 | 0.9~1.0 | 7~7.9 | 0.1 | |
| 8~10 | 80~99 | 0.9~1.1 | 8 | 0.4 | 自由采食 |
| 11~13 | 100~124 | 1.0~1.2 | 9 | 0.6 | 自由采食 |
| 14~16 | 125~149 | 1.1~1.3 | 10 | 0.9 | 自由采食 |
| 17~21 | 150~199 | 1.2~1.4 | 10 | 1.3 | 自由采食 |
| 22~27 | 200~250 | 1.1~1.3 | 9 | 2.0 | 自由采食 |

犊牛育肥时饲喂代乳品的温度:1~2周为38℃,以后为30~35℃;4周龄以内的犊牛要严格按照定时、定量、定温的制度执行,以防消化不良和痢疾的发生。天气晴朗时让犊牛适量地晒太阳和运动。

# 第二节 育成牛标准化育肥技术

犊牛断奶后从犊牛舍转入育成牛舍,进入育成牛培育阶段。这一时期牛的生长速度快,只要经过合理的饲养管理就能生产出大量品质优良、成本较低的牛肉。我国的肉牛育肥70%~80%都是育成牛育肥。育成牛育肥通常采用持续育肥和架子牛育肥两种方法。

## 一、持续育肥

持续育肥指犊牛断奶后就地转入育肥阶段进行育肥,或断奶后由专门化的育肥场收购进行集中育肥。在育肥的全过程中日粮一直保持较高营养水平,直到13~24月龄前肉牛出栏,活重达到360~550千克。采用这种方法肉牛生长速度快,饲料利用率好,饲养期短,育肥效果好。持续育肥按不同饲养方式可分为放牧加补饲持续肥育和舍饲持续肥育。

### （一）放牧加补饲持续肥育法

在牧草条件较好的地区，依靠廉价的草原资源，采用放牧同时补料的办法肥育，能收到良好的效果。犊牛断奶后，以放牧为主，根据草场情况，适当补充精饲料或干草，使其在18月龄体重达400千克以上。一般采用早出牧，午间在牧场休息，晚上在舍内补饲或在放牧场有食槽处补料的放牧方式，每天的放牧距离4~5千米。补料时，1头牛1个槽，避免抢料格斗；补料量根据体重大小而异，按干物质计，补料量为体重的1%~1.5%；补料时要充分饮水。在枯草季节，对育肥牛每天每头补喂精饲料1~2千克。放牧补饲应注意在出牧前不要补料，否则会减少放牧时的采食量，放牧时应做到合理分群、分群轮放，每群50头左右，并注意牛的休息和补盐。夏季注意防暑，狠抓秋膘。

### （二）舍饲持续肥育法

舍饲持续肥育适用于专业化的肥育场。犊牛断奶后即进行持续肥育，犊牛的饲养取决于肥育的强度和屠宰时的月龄，育肥强度在12~15月龄屠宰时，需要提供较高的饲养水平，以使肥育牛的平均日增重在1千克以上。在制订肥育生产计划时，要综合考虑到市场需求、饲养成本、牛场的条件、品种、肥育强度及屠宰上市的月龄等，以期获得最大的经济效益。

育肥牛日粮主要由粗饲料和精饲料组成，平均每头牛每天进食日粮干物质为牛活重的1.4%~2.7%。舍饲持续肥育一般分为3个阶段。

**1. 适应期**

断奶犊牛一般有1个月左右的适应期。刚进舍的断奶犊牛，对新环境不适应，要让其自由活动，充分饮水，少量饲喂优质青草或干草，精饲料由少到多逐渐增加喂量，当进食1~2千克时，就应逐步更换指定的育肥饲料。在适应期每天可喂酒糟5~10千克，切短的干草15~20千克（如喂青草，用量可增3倍），麸皮1~1.5千克，食盐30~35克，如发现牛消化不良，可喂给干酵母，每头每天20~30片；如粪便干燥，可喂给多种维生素，每头每天2~2.5克。

**2. 增肉期**

一般持续7~8个月，此期可大致分成前后两期。前期以粗料为主，精饲料每天每头2千克左右，后期粗料减半，精饲料增至每天每头4千克左右，自由采食青干草。前期每天可喂酒糟10~20千克，切短的干草5~10千克，麸皮、玉米粗粉、饼类各0.5~1千克，尿素50~70克，食盐40~50克。喂尿素时要将其溶解在少量水中，拌在酒糟或精饲料中喂给，切忌放在水中让牛直接饮用，以免引起中毒。后期每天可喂酒糟20~25千克，切短的干草

2.5~5千克,麸皮0.5~1千克,玉米粗粉2~3千克,饼渣类1~1.25千克,尿素100~125克,食盐50~60克。

3. 催肥期

一般持续2个月,主要是促进牛体膘肉丰满,沉积脂肪。每天喂混合精饲料4~5千克,粗饲料自由采食。每天可饲喂酒糟25~30千克,切短的干草1.5~2千克,麸皮1~1.5千克,玉米粗粉3~3.5千克,饼渣类1.25~1.5千克,尿素150~170克,食盐70~80克。催肥期可使用瘤胃素,每头每天用200毫克,混于精饲料中喂给效果更好,体重可增加10%~15%。

在饲喂过程中要掌握先喂草料,再喂配料,最后饮水的原则,定时定量进行饲喂。一般每天喂料2~3次,饮水2~3次,饮水要用15~25℃的清洁温热水,并在每次喂料后1小时左右进行。每次喂配料时先取干酒糟用水拌湿,或干、湿酒糟各半混匀,再加麸皮、玉米粗粉和食盐等拌匀。牛吃到最后时,拌入少许玉米粉,使牛把料槽内的食物吃干净。

## 二、架子牛育肥

架子牛育肥又称为后期集中育肥,它是指犊牛断奶后,由于饲养条件限制,不能保持较高的增重速度,从而拉长了饲养期,只有在屠宰前集中一个阶段进行强度肥育。在集中育肥阶段,由于所需营养得到恢复,牛表现出超过正常的生长速度,将生长前期由于饲料供应量少或饲料品质差所受到的损失弥补回来,除加大体重外,进一步增加了体脂肪的沉积,从而改善了肉质,这种方法消耗饲料少,经济效益高。架子牛育肥是目前我国肉牛生产中肉牛育肥的主要形式。

### (一)新到架子牛的饲养管理

1. 饮水

若是从外地买进的牛,经过长距离、长时间运输,第一次饮水量应控制在10~20升,第二次在第一次饮水3~4小时后,可自由饮水。第一次饮水时,每头牛补人工盐100克。

2. 喂料

对新到架子牛,最好的粗饲料是长干草,不要铡太短,长约5厘米,上槽后以粗饲料为主,长约1厘米。当牛饮水充足后,便可饲喂优质干草,第二次应限量饲喂,按每头牛4~5千克,第二至三天逐渐增加喂量,5~6天后才能让其自由充分采食。青贮饲料从第二至三天起饲喂,用青贮饲料时最好加碳酸氢钠缓冲剂,以中和酸度。精饲料从第四天开始供给,也应逐渐增加,而不要一开始就大量饲喂。开始时按牛体重的 0.5% 供给,5 天后按 1% ~ 1.2%,10 天后按 1.6%,过渡到每天将育肥喂量全部添加。

### 3. 群养时分群

根据架子牛年龄、品种、体重分群饲养。相同品种杂交牛分成一群,3 岁以上的牛可以合并一起饲喂,分群的体重差异不超过 30 千克,便于饲养管理。分群的当晚应有管理人员不定时到围栏观察,如有抢斗现象,应及时处理。

### 4. 围栏内铺垫草

在分群前,围栏内铺些垫草,优质干草更好。其优点是可让牛采食干草,从而减少格斗现象;可以减少架子牛到新环境的陌生感,减少架子牛的应激反应;铺垫干草后,架子牛躺卧更舒服,有利于恢复运输疲劳。

### 5. 去势

根据实际情况与要求,决定公牛去势与否。2 岁前采取公牛肥育,则生长速度快,瘦肉率高,饲料报酬高;2 岁以上的公牛,宜去势后肥育,否则不便管理,会使牛肉有腥味,影响胴体品质。但若要求牛肉有较好的大理石纹,也要对公牛去势。

### 6. 驱虫

架子牛入栏后立即进行驱虫。常用的驱虫药物有阿弗米丁、丙硫苯咪唑、左旋咪唑等。驱虫应在空腹时进行,以利于药物吸收。驱虫后架子牛应隔离饲养 2 周,其粪便消毒后进行无害化处理。

### (二)架子牛的育肥

一般可分为 3 个阶段,即过渡饲养期,约 20 天;育肥前期,约 40 天;育肥后期,约 60 天。

### 1. 过渡饲养期

进行驱虫健胃,并适应新的饲料和环境。消除运输过程中造成的应激反应,恢复牛的体力和体重,观察牛的健康状况,按"新到架子牛的饲养管理"规程执行。

### 2. 育肥前期

干物质采食量逐步达到 8 千克,日粮中精饲料比例增到 60%,日粮粗蛋白质水平为 12%,粗饲料自由采食,在日粮中的比例为 40%,日增重 1.0 ~ 1.2 千克。这一时期的任务主要是让牛逐步适应精饲料型日粮,防止发生脑胀病、拉稀和酸中毒等病。

3. 育肥后期

干物质采食量达到 10 千克,日粮粗蛋白质水平为 11%,精饲料占 70% ~ 80%,粗饲料在日粮中比例由 40% 降到 20% ~ 30%,日增重1.2 ~ 1.4 千克。为了让牛能够把大量精饲料吃掉,这一时期可以增加饲喂次数,原来喂 2 次的可以增加到 3 次,且保证充足饮水。

根据日粮组成不同,架子牛育肥分为放牧加补饲育肥法、青草加尿素育肥法、酒糟育肥法、玉米青贮育肥法、氨化秸秆育肥法及高能日粮强度育肥等多种育肥方法。

(1)放牧加补饲育肥法 此方法简单易行,以充分利用当地资源为主,投入少,效益高。我国牧区、山区可采用此法。对 6 月龄断奶的犊牛,7 ~ 12 月龄半放牧半舍饲,每天补饲玉米 0.5 千克,生长素 20 克,人工盐 25 克,尿素 25 克,补饲时间在晚上 8 点以后。13 ~ 15 月龄放牧,16 ~ 18 月龄经驱虫后,进行强度育肥,整天放牧,每天补喂精饲料 1.5 千克,尿素 50 克,生长素 40 克,人工盐 25 克,另外适当补饲青草。

一般青草期肥育牛日粮,按干物质计算,料、草比为 1∶(3.5 ~ 4.0),饲料干物质总量为体重的 2.5%,青饲料种类应在 2 种以上,混合精饲料应含有能量、蛋白质和钙、磷、食盐等。每千克混合精饲料的养分含量为:干物质 894 克、增重净能 10.89 兆焦、粗蛋白质 164 克、钙 12 克、磷 9 克。强度肥育前期,每头牛每天喂混合精饲料 2 千克,后期喂 3 千克,精饲料每天喂 2 次,粗饲料补饲 3 次,可自由采食。我国北方省份 11 月以后,进入枯草季节,继续放牧达不到肥育的目的,应转入舍内进行舍饲肥育。

(2)青草加尿素育肥法 混合日粮的配方是:玉米 1.5 千克,人工盐 50 克,尿素 50 克,青草自由采食,吃饱为宜。也可白天野外放牧,早、中、晚为舍饲喂 3 次,经过 100 天左右的肥育期,日增重 1 千克以上。

(3)酒糟育肥法 酒糟饲料育肥效果好,饲料成本也低。酒糟一年四季育肥肉牛都可以,尤其在冬季育肥效果更好,但是饲喂时间不宜过长。开始阶段,由于牛不喜食酒糟,只给以少许,以干草和粗饲料为主。半个月以后,逐渐增加酒糟,减少干草喂量,到肥育中期,酒糟量每天可达 20 ~ 30 千克,同时配以少量精饲料和适口性好的饲料,以保证良好的食欲。

酒糟育肥法饲喂的秸秆粉或禾本科干草每头每天不少于 2.5 千克。另外,再添加 0.002% ~ 0.003% 的莫能菌素(瘤胃素)及 0.5% 碳酸氢钠,同时补以维生素 A 和维生素 D。饲喂时要注意钙、磷比例的平衡,并且注意补饲能量饲料,保证饲料中蛋白质与能量的比例平衡。饲喂的酒糟要新鲜优质,腐败、发霉及冰冻或带沙土的不能饲喂,以免中毒。饲喂酒糟时,要先喂干草、青贮秸秆,最后喂精饲料,喂料后 1 小时饮水。

(4)玉米青贮育肥法　青贮饲料育肥是农区肉牛饲养的主要育肥方式,成本低,效果好。以玉米青贮饲料为主,在良好的饲养管理条件下,日增重可达 700~900 克。应用玉米青贮育肥,要让牛有一个适应过程,喂量由少到多,习惯以后才能大量饲喂。同时还要给干草 5~6 千克。到育肥后期,减少青贮料,增加精饲料补充料 3~6 千克,使日增重达到 1.0~1.2 千克。在用玉米青贮育肥时要注意青贮料的品质,发霉变质的青贮料不能喂牛。由于玉米青贮的蛋白质含量较低,只有 2% 或不足 2%,所以必须与蛋白质饲料如棉子饼搭配,在整个饲养期要保证充足的饮水。

(5)氨化秸秆育肥法　农区有大量作物秸秆,是廉价的饲料资源,将农作物秸秆经过氨化处理能提高其使用价值,改善饲料的适口性和消化率。以氨化秸秆为唯一粗饲料,肥育 150 千克的架子牛至出栏,每头每天补饲 1~2 千克的精饲料,能获得 500 克的增重。但如果选择体重较大的牛,日粮中适当加大精饲料比例,并喂给青绿饲料或优质干草,日增重也达 1 千克以上。选择体重 350 千克以上的架子牛进场后 10 天内为训练期,训练采食氨化秸秆。开始时少给勤添,逐渐提高饲喂量,进入正式肥育阶段,应注意补充矿物质和维生素。矿物质以钙、磷为主,另外可补饲一定量的微量元素和维生素预混合饲料。秸秆的质量以玉米秸秆最好,其次是麦秸秆。在饲喂前应放净余氨,以免引起中毒,并且霉烂秸秆不得喂牛。饲喂方法:将牛单槽饲养,每天喂 2 次,日粮适量拌水,日饮水 1 次,60 天育肥期,日增重平均达 1 千克以上。育肥牛日粮组成:氨化玉米秸秆 14 千克,配合饲料 2 千克,添加剂 33 克,食盐 33 克。

(6)高能日粮强度育肥法　这是一种高精饲料、低粗饲料的育肥方法,对于体重 200~300 千克、年龄 1.5~3 岁的架子牛,要求日粮中精饲料比例不低于 70%,15~20 天或 1 个月的过渡期,使牛适应。例如,对于 1.5~2 岁、300 千克左右的架子牛,可分为 3 期进行育肥。前期主要是过渡期,15~30 天,精粗料比例可控制为 40:60,精饲料每天喂量增加 1.5~2 千克;中期一般 1 个月左右,精粗饲料比为 65:35,精饲料日喂量增加 3~4 千克;后期一般为 2 个月,精粗饲料比 75:25,精饲料日喂量增加到 4 千克以上,精饲料比例为:玉米粉 75%~80%、麸皮 5%~10%、豆饼 10%~20%、食盐 1%、添加剂 1%。通常情况下,牛的粗饲料为氨化秸秆或青贮玉米秸秆,自由采食。

育肥架子牛要限制其活动，以利于架子牛的育肥；饲喂定时定量，本着先粗后精，少给勤添的原则；经常观察反刍情况、粪便、精神状态，如有异常应及时处理；要及早出栏，达到市场要求体重则出栏。一般活牛出口要求体重为450千克，高档牛肉生产则为550~650千克时出栏，如果体重太大，会使日增重下降，饲料报酬也降低，最终导致利润下降。

## 第三节　成年牛标准化育肥技术

成年牛的育肥即淘汰牛的育肥，所谓淘汰牛，是指牛群中丧失劳役或产奶量低、繁殖能力差的老、瘦、弱、残牛。这类牛如不经育肥就屠宰，则产肉率低、肉质差，如果将这些牛短期育肥，使肌肉之间和肌纤维之间脂肪增加，不仅可以改善肉的味道和嫩度，还可以提高屠宰率和净肉率，使经济效益得到提高。成年牛育肥一般只适用于在非专业性饲养场进行。

对成年牛育肥之前，应对它们进行健康检查，淘汰掉那些过老、过瘦、采食困难以及一些无法治愈或经常患病没有育肥价值的牛，以免浪费劳力和饲料。成年牛在育肥前应根据品种、年龄、体况进行分群饲养，同时在育肥前要进行驱虫，公牛要去势，对食欲不旺、消化不良的牛投服健胃药进行健胃，以增进食欲，促进消化和提高饲料利用率。成年牛育肥通常采用强度育肥法，育肥期一般为2~3个月。

育肥牛的日粮应以消化利用率高、碳水化合物含量丰富的能量饲料为主。初期可采用低营养物质饲喂作为过渡期，以防引起弱牛、病牛或膘情差的牛消化紊乱，过一段时间后，逐渐调整日粮到高营养水平，然后再育肥。另外，要注意饲料的加工调制，提高适口性，使其容易消化吸收。日粮中粗纤维含量可以占到全部饲料干物质的13%以上，要求每100千克体重每天消耗的日粮干物质含量2.2~2.5千克。北方地区，可充分利用青草期对牛放牧饲养，使牛复壮，而后再育肥，可节省饲料成本。南方农区进行舍饲、拴系饲养，冬季舍温要保持5~6℃，夏季要通风良好，气温保持在18~20℃。育肥牛应尽量减少运动，牛舍光线要暗一些，不让牛自由活动，减少饲料消耗。

南方农区可利用酒糟进行育肥，每天喂酒糟15~20千克，加入玉米或米糠1~1.5千克，其他饲料自由采食，日增重可达1~1.2千克。也可利用糟渣类如豆腐渣和玉米粉，最多每天可喂40千克。饲喂时将切短的干草混入，再加入5千克谷糠或少量精饲料，分次喂给，日增重可达1千克。

在牧区和半农半牧区,可采用放牧(或刈割青草)育肥法,对淘汰牛每天放牧 4~6 小时,使牛能尽量采食到足够的干物质。如果放牧采食不足,应刈割青草补充,最好夜间能加喂 1 次精饲料。

在育肥期内,应及时调整日粮,灵活掌握育肥期。精饲料配方:玉米72%、油饼类 15%、糠麸 8%、矿物质 5%。混合精饲料的每天喂量以体重的1% 为宜。粗饲料以青贮玉米或氨化秸秆为主,任其自由采食。

## 第四节 育肥肉牛标准化管理技术

### 一、牛舍消毒

在未进牛前,牛舍打扫干净后,再用 2% 氢氧化钠溶液彻底消毒。进牛后,每周要保持 1~2 次消毒,牛舍门口要设置消毒池,食槽喂后要清刷干净,保持牛舍清洁卫生,空气新鲜。

### 二、驱虫

肉牛育肥应进行驱虫。驱虫可从牛入场的 5~6 天进行,体内驱虫可用阿苯达唑,1 次口服剂量为每千克体重 10 毫克;或盐酸左旋咪唑,每千克体重7.5~10 毫克,空腹服下。如有体外寄生虫应及时治疗,可用 0.25 净乳化剂对牛体擦涂。驱虫后 3 天健胃,可口服人工盐 60~100 克或每头灌服健胃散350~450 克。

### 三、分群

育肥牛应进行称重、编号,并按年龄、品种、体重、膘情分群饲养,每群数量不宜过多,以 15~20 头为宜。

### 四、刷拭

刷拭可保持牛体清洁,增强皮肤血液循环,保持牛温驯的性格,使牛易管理。先从头到尾,再从尾到头,每天在喂牛后对牛刷拭 1~2 次。也可以在牛舍安装自动牛刷,见图 6-1。

图6-1 自动牛刷

## 五、定时、定量、定槽位、定桩

饲喂的时间、次数、饲料的数量和槽位要相对固定,一般先喂青粗饲料,再喂精饲料或精粗混合饲喂,最后饮水。要尽量减少育肥牛的活动,以减少营养物质的消耗,提高肥育效果。舍饲育肥牛每次喂完后,每头牛单木桩拴系或圈于休息栏内,为减少其活动范围,缰绳的长度以牛能起卧为准,防止牛回头舔毛。放牧育肥牛应注意放牧的距离,这样有利于增重。

## 六、称重与记录

育肥各个时期要适时进行称重,以便计算增长速度,及时调整日粮配方,满足营养需要。记录育肥牛始重、育肥期称重、末重及饲料消耗。

## 七、观察与治疗

牛育肥过程中要勤检查、细观察,发现情况及时处理。有牛生病应及时隔离治疗,治疗时应尽量使用中草药制剂等天然、绿色和无污染药物,控制各种化学药品和抗生素的使用,严禁使用禁用兽药。

## 八、适时出栏

体重500千克以上出栏,但也要根据市场行情变化,及时将达到标准的肉牛出栏,防止以后牛吃料长肉慢,饲料报酬降低,饲养成本增加,影响育肥牛饲养的经济效益。

# 第五节　提高肉牛育肥的措施

## 一、添加瘤胃素

瘤胃素又叫莫能菌素,它是一种链球菌发酵获得的产物,在饲料中添加能提高牛的增重和饲料报酬,它对牛的生长有促进作用,并能降低采食量,它的主要作用是调控反刍动物的消化代谢过程,提高瘤胃挥发性脂肪酸中丙酸的比例,降低乙酸的比例,减少甲烷的产生。由于丙酸在分子水平上可以更有效地被利用,因而有利于肉牛的增重。

瘤胃素作为一种生物活性化合物,不被肉牛消化道吸收,因而不能进入体内代谢,所以也没有残留的问题,对肉牛的胴体质量没有影响,符合无公害肉牛生产的要求。一般每头每天添加53～360毫克于精饲料中饲喂,或把有瘤胃素的精饲料与粗饲料混合喂。在放牧条件下,前1～5天,每头每天100毫克,6天后每头每天200毫克;舍饲育肥,最高使用量每头每天不得超过360毫克;以精饲料为主时,每头每天150～200毫克,或每千克饲料干物质中33毫克;以粗饲料为主时,每头每天200毫克。瘤胃素应均匀地拌进肉牛的精饲料日粮中。育肥肉牛饲料中添加瘤胃素不仅能提高肉牛的日增重15%～20%,还能显著提高饲料的利用率,饲料报酬提高10%～20%。

瘤胃素的使用效果会受到以下因素的影响:①肉牛基础生长速度的高低。对低生长速度、低生产效率的肉牛效果显著,对高生产水平的肉牛,效果相对差一些。②与日粮的营养水平有关。低营养水平的日粮添加瘤胃素效果较差。③受日粮中氮形式的影响。日粮中的蛋白氮含量高,瘤胃素的效果好,而对非蛋白氮日粮效果差。

## 二、添加缓冲剂

缓冲剂可作用于瘤胃、肠道和其他组织,能对瘤胃、肠道和其他组织内环境进行调控,使其保持适宜的弱碱性环境,增加瘤胃微生物的合成,减缓对饲料营养成分的降解速度,提高机体对营养物质的代谢、吸收和利用。在日粮中添加碳酸氢钠、氧化镁和膨润土等缓冲剂,可以防止肉牛瘤胃的pH下降和肝脏肿病的发生,并提高肉牛对高精饲料的利用率。

各种缓冲剂的添加量具体如下:

碳酸氢钠:占日粮干物质进食量的0.7%~1.5%,或占精饲料的1.4%~3.0%。

氧化镁:占日粮干物质进食量的0.3%~0.4%,或占精饲料的0.6%~0.8%。

膨润土:占日粮干物质进食量的0.6%~0.8%,或占精饲料的1.2%~1.6%。

小苏打和氧化镁:混合使用效果更好,两者的混合物占精饲料的0.8%左右(混合物中小苏打占70%,氧化镁占30%)。

# 第七章　肉牛防疫及常见病标准化防控技术

　　牛病主要有传染病、寄生虫病和普通病。在日常生活中主要通过放牧情况、牛的休息情况、牛粪便的状况、牛的毛色、牛的反刍情况以及体温、呼吸、心跳情况来判断。通常牛病主要通过加强饲养管理，搞好环境卫生，定期消毒，严格执行检疫制度，定期进行预防注射，定期驱虫，预防饲草中毒，实施药物预防和治疗等措施进行防控。

# 第一节 肉牛场的防疫

## 一、肉牛场卫生防疫要求

疾病防治的基本原则是防重于治。而预防则应从 3 个环节着手,那就是查明和消灭传染源、截断传播途径、提高机体抵抗力。

### (一)卫生与消毒

必须保持牛体、牛舍、用具等清洁卫生,定期或不定期地消毒牛体及环境,使牛群始终在干净的环境条件下生产,这是做好牛群保健的第一步。

常用的环境消毒药物:10%～20%的石灰乳,2%～4%的氢氧化钠溶液,1%～10%的漂白粉混悬液,3%～5%的克辽林,0.5%～5%的过氧乙酸。一般用量为每平方米 1 000 毫升。

粪便消毒:堆积发酵,当温度达 70℃ 以上时,就可杀灭病原菌和寄生虫卵。药物杀灭,在约 100 千克粪便中加入 15%～20%氨水或 0.5 千克过磷酸钙,拌匀,放置 1～2 天,即可杀死大部分微生物及虫卵和幼虫。

污水消毒:若量不大,可洒于粪中一起发酵。若量大,则应集中排放到蓄污池中,封闭发酵或化学处理。

车辆用具消毒:先冲洗,后消毒,可用 10%漂白粉混悬液或 2%～4%氢氧化钠溶液消毒。

### (二)牛群检疫

平时要坚持观察牛群,定期抽检或全检,及时检出阳性牛。当出现疫情时,应根据调查、临床症状或实验室检查进一步确诊,不具备检测条件的牛场应采样送检。一旦确诊为烈性传染病,除马上采取有效措施外,应立即向上级业务主管部门汇报,最大限度地控制疫情,减少经济损失。

### (三)免疫接种

搞好免疫接种是做好牛群保健的又一重要途径。各牛场应根据当地的具体情况,并结合本场的饲养管理水平,制订相应的防疫计划。预防接种常用的几种疫苗、菌苗、类毒素等生物制剂见表 7－1。

表7-1　常用疫(菌)苗的使用方法

| 疫(菌)苗名称 | 接种方法 | 免疫期 |
| --- | --- | --- |
| 无毒炭疽芽孢苗 | 1岁以上牛皮下注射1毫升,1岁以下牛皮下注射0.5毫升 | 1年 |
| Ⅱ号炭疽芽孢苗 | 皮下注射1毫升 | 1年 |
| 气肿疽明矾菌苗 | 皮下注射5毫升,6个月以下的牛在年龄达6月龄时再同样注射1次 | 6个月 |
| 气肿疽甲醛苗 | 皮下注射5毫升 | 6个月 |
| 口蹄疫弱毒苗 | 未满1岁牛不注射,1~2岁肌内注射或皮下注射1毫升,3岁以上3毫升 | 6个月 |
| 牛出败氢氧化铝菌苗 | 体重100千克以下的皮下注射4毫升,100千克以上的皮下注射6毫升 | 9个月 |
| 布氏杆菌羊型5号菌苗 | 室内喷雾免疫,200亿个菌/米$^3$,喷后停20分;也可将菌苗稀释成50亿个菌/毫升,肌内或皮下注射5毫升 | 1年 |
| 布氏杆菌19号菌苗 | 皮下注射5毫升 | 5~7年 |
| 破伤风类毒素 | 成年牛皮下注射1毫升,犊牛0.5毫升 | 1年 |
| 破伤风抗毒素 | 预防量2万~4万国际单位皮下注射,治疗量10万~30万国际单位皮下或静脉注射 | 2~3周 |
| 狂犬病疫苗 | 皮下注射25~50毫升,紧急预防注射3~5次,隔3~5天1次 | 6个月 |
| 牛肺疫兔化弱毒苗 | 6~12月龄牛皮下注射1毫升,1岁以上肌内注射2毫升 | 1年 |
| 牛瘟兔化弱毒苗 | 皮下或肌内注射1毫升 | 1年 |

**二、疫病诊断**

　　对已发病的牛群,应及时准确地做出诊断,从而采取正确的防制措施,以保证牛群安全。若不能立即确诊,应采取病料送检,同时,应根据初诊,采取紧急隔离等措施,防止疫病蔓延。

　　诊断牛疫病常用的方法有临床诊断、流行病学诊断、病理学诊断、微生物学诊断、免疫学诊断等。

## 第二节 肉牛常见病及防控

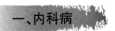

**一、内科病**

### （一）前胃弛缓

前胃神经、肌肉兴奋性降低和收缩力减弱而引起的消化不良综合征。发病主要原因是长期饲喂劣质、粗硬、难于消化的饲草，变质、冻结的草料，突然变更饲料，精饲料饲喂过量或误食化纤、塑料等，也可继发于其他疾病。

1. 症状

食欲减退或废绝，反刍减少或停止，瘤胃蠕动微弱。先便秘，后腹泻，或交替发生，有时恶臭。慢性型多属继发因素所致，病情顽固。

2. 防治

消除病因，兴奋瘤胃，增强神经体液调节功能，防止机体酸中毒。

（1）停食 停食 1～2 天，再给少量优质多汁饲料。

（2）注射给药 静脉注射促反刍液 500 毫升。即 10% 氯化钙注射液 100 毫升，10% 氯化钠注射液 100 毫升，20% 安钠咖注射液 10～20 毫升；皮下注射 0.1% 卡巴胆碱 1～2 毫升、毛果芸香碱 2～3 毫升或新斯的明 10～20 毫克；50% 葡萄糖注射液 300～500 毫升，维生素 C 注射液 1 000 毫克一次静脉注射。

（3）灌药 慢性型可用健胃剂，配方为龙胆末 20～30 克，酵母粉 50～1 000 克，姜粉 10～20 克，碳酸氢钠 30～50 克，番木鳖酊 10～30 毫升，加水混匀后 1 次送服。

### （二）瘤胃积食

瘤胃积滞大量饲料所引发的急性瘤胃扩张。主要是采食过量的或易于膨胀的干饲料或难以消化的饲料引起，食后大量饮水更易诱发。也有的是前胃收缩力减弱，采食量大而饮水不足所致。胃的其他疾病也可继发。

1. 症状

食欲、反刍、嗳气减少或停止。腹痛不安，摇尾弓背，回头看腹，后肢踢腹或以角撞腹，不断起卧，粪便干黑难下。触诊瘤胃胀满但重压成坑，个别坚实。听诊瘤胃蠕动音减弱或消失，叩诊浊音，直肠检查则瘤胃体积增大、后移。后期病情急剧恶化,呼吸困难,心跳不整,皮温不均,站立不稳,肌肉震颤,全身中毒加剧,衰竭,卧地不起,陷于昏迷。

2. 防治

增强瘤胃收缩力,排除积食,防止脱水和自体酸中毒。

(1)停食　停食1~2天,灌服大量温水并按摩瘤胃。

(2)注射给药　10%氯化钠注射液500毫升,10%安钠咖注射液20毫升混合静脉注射。

(3)灌药　硫酸镁或硫酸钠500克,鱼石脂30克,液状石蜡或植物油1 000毫升,常温水6~10升,1次灌服。

此外,脱水、中毒时可用葡萄糖生理盐水1 500毫升,5%碳酸氢钠注射液500毫升,25%葡萄糖注射液500毫升,10%安钠咖注射液20毫升混合静脉注射或反复洗胃或行瘤胃切开术。

### (三)瘤胃臌气

采食大量易发酵产气的饲料、豆类饲料或变质饲料可致此病,也可继发于创伤性网胃炎。

1. 症状

采食后数小时腹部急剧臌胀,左肋显著臌起,呼吸困难。可视黏膜发绀,呻吟,腹痛,张口流涎。有时突然倒地,窒息顿亡。继发时病状时好时差,反复发作。

2. 防治

排气减压,缓泻制酵,解毒。

(1)放气　用胃管插入胃中放气,或用套管针进行瘤胃穿刺放气。

(2)灌药　硫酸镁500~1 000克,鱼石脂30克,芳香氨酯40~50毫升,加水适量;液状石蜡1 000毫升,鱼石脂30克,蓖麻油40克,加水适量;液状石蜡1~2升,植物油0.5~1千克;10%生石灰水3 000~5 000毫升或8%氧化镁溶液600~1 000毫升;泡沫性臌气可用60~90克碳酸氢钠(加水溶化),加植物油250~500克。

### (四)创伤性网胃炎

因误食尖锐异物,如铁丝、钉、玻璃等转入网胃,刺穿胃壁而引起。异物较长,可刺伤心包、脾、肝、肺等,危害较重。

1. 症状

起初精神不振,食欲、反刍减少,多站立,不走动。较重时,出现前胃迟缓、弓背、呻吟、肘部外张、肌肉颤动,触诊剑状软骨左后方,表现疼痛、躲闪。下坡、转弯走路或卧地时,非常小心。

2. 防治

可用牛胃吸铁器取出金属异物,同时注射抗生素消炎;若已穿透胃壁,可行瘤胃切开术取出异物,但经济上可能划不来。所以,本病以预防为主。

**(五)瓣胃阻塞**

瓣胃阻塞又称"百叶干",食入大量难以消化的粗纤维饲料时,或长期吃糠麸、豆荚皮或带泥土的饲草,而且饮水不足而发病。也可继发于其他胃病或某些热性病。

1. 症状

前期鼻镜干燥,食欲、反刍减少。后期反刍停止、体温升高、口色灰白、呼吸加快、鼻镜干裂。叩诊瓣胃浊音区增大,常有痛感。大便干黑,粪球上附着黏液、有恶臭。直肠检查肛门和直肠紧缩、空虚,或附着干粪片。

2. 防治

给予足够的饮水和运动。

(1)灌药 人工盐 500 克,酒石酸锑钾 8 克,加水适量;硫酸镁或硫酸钠 800 ~ 1 000 克,溶于水 5 000 毫升;磨碎的芝麻 500 ~ 1 000 克,加入萝卜汁 2 500 ~ 5 000 克。

(2)注射给药 10% 氯化钠注射液 100 ~ 200 毫升,20% 安钠咖注射液 10 ~ 20 毫升,静脉注射。严重时可行瓣胃注射:一次注入 25% 硫酸镁溶液或硫酸钠溶液 500 ~ 700 毫升或液状石蜡 750 ~ 1 000 毫升加入 3 ~ 4 倍水。

**(六)真胃溃疡**

由于采食过多的精饲料、青贮饲料,使胃液酸度升高;或饲喂变质、冰冻饲料;突然变换饲料,过度劳累,均可发病。常见于肥育期肉牛及断奶后的犊牛。

1. 症状

体温升高,但耳根及四肢末端变凉,口渴喜饮,腹痛,腹泻,粪便状如煤焦油、混有黏液、血液、腥臭,后则稀如水样。因脱水或酸中毒可致眼窝下陷、站立困难、呼吸、心跳加快,最后衰竭死亡。

2. 防治

消炎、补液、止血,解除酸中毒。

(1)灌药 磺胺脒,每天 3 次,每次 30 ~ 50 克;犊牛第一天 10 克,以后每天 5 克。黄连素,每天 3 次,每次 4 ~ 8 克。

（2）止血　可用维生素 K 制剂或止血敏肌内注射,每天 5 ~ 10 克,分 3 次注射。

（3）补液　可静脉注射葡萄糖生理盐水 3 000 ~ 5 000 毫升,25% 葡萄糖注射液 1 000 毫升,10% 安钠咖注射液 20 ~ 40 毫升。若有酸中毒,再静脉注射 3% ~ 5% 碳酸氢钠注射液 300 ~ 500 毫升。

### （七）感冒

感冒主要是因气候突变而致的急性发热性疾病。

1. 症状

皮温不均,体温升高,耳尖、鼻端发凉,鼻镜干燥,被毛逆立。流清涕或脓涕,怕冷,粪便干燥。听诊瘤胃蠕动音弱,肺泡呼吸音有时增强,或伴有湿啰音。

2. 防治

加强管理,防止温差过大,增强机体抵抗力。

（1）注射给药　30% 安乃近注射液或复方氨基比林注射液 20 ~ 30 毫升,每天 1 次;安痛定注射液 20 ~ 30 毫升,隔天 1 次肌内注射。

（2）灌药　中药可用荆防败毒散:荆芥、防风、桔梗各 30 克,羌活、柴胡、前胡、枳壳各 25 克,茯苓 45 克,川芎、甘草各 15 克,共研末开水冲调,温后灌服。风热感冒可用银翘散:金银花 30 克,连翘、竹叶各 35 克,桔梗、荆芥、淡豆豉、牛子各 25 克,薄荷 15 克,芦根 60 克,甘草 20 克。服法同"荆防败毒散"。

## 二、外科病

### （一）创 伤

1. 分类

创伤包括新鲜创和感染创。

2. 治疗

（1）新鲜创　如创伤清洁,不必冲洗,剪毛消毒后撒上消炎粉或青霉素即可,然后用纱布或药棉盖住伤口。如创腔被污染,先用 0.1% 高锰酸钾溶液或 0.1% 新洁尔灭溶液彻底冲洗,然后撒药包扎。如有出血应先止血,可用止血粉、鸭毛烧灰为末;如出血严重,除局部止血外,还应全身性止血,可肌内注射维生素 $K_3$ 注射液 10 ~ 30 毫升,止血敏注射液 10 ~ 20 毫升。创伤较大的应缝合。

（2）感染创　清洁创围,应先冲洗,再消毒。清理创腔,排出脓,刮或切除坏死组织,然后冲洗、擦干。撒布消炎粉、抗生素或去腐生肌散(轻粉、乳香、没药各25克,儿茶、龙骨各15克,研为极细末撒布)。若冲洗后创伤内有坏死组织且脓液较多时,可用蛋白溶解酶,再配油浸纱布条引流。化脓创一般实行开放疗法。严重时应全身用药,可静脉注射10%氯化钠注射液150~200毫升,10%葡萄糖注射液500~1 000毫升,40%乌洛托品注射液50毫升或5%碳酸氢钠注射液50~100毫升。

### (二)脓肿

**1. 症状**

浅在性脓肿,初有热、痛、肿,后因发炎、坏死、溶解、液化形成脓汁。肿部中央逐渐软化,出现波动,皮肤渐薄;被毛脱落,最后自行破溃、深部脓肿、局部肿胀不明显,患部有压痛,并有压痕,无明显波动,可行穿刺确诊。

**2. 防治**

初期消炎,后期促其成熟。患部剪毛消毒,用冷敷和消炎剂,如涂布用醋调制的复方醋酸铅散或雄黄散。必要时可用1%普鲁卡因青霉素进行患部封闭,或内服黄连汤(黄连、木香、山枝、当归、黄苹、白芍、薄荷、槟榔、桔梗、连翘、甘草、大黄)。若炎症不能制止,改用鱼石脂软膏,促脓肿迅速成熟,然后切开,按一般外科处理,实行开放疗法。若出现全身反应,则用抗生素或磺胺类药物治疗。

### 三、产科病

#### (一)流产综合征

由于妊娠母牛与胎儿之间的正常联系受到破坏而导致妊娠中断,称为流产。引起流产的原因很多,可有传染性流产、寄生虫性流产、非传染性(包括遗传性)流产,生产中后者最常发生。

**1. 症状**

(1)隐性流产 妊娠中断而无任何临床症状,发生在妊娠早期,胚胎死后液化被母体吸收,子宫内不残留痕迹。4~8周龄胚胎死后只残留胎膜不被吸收,以致久不发情。有时死胎及其附属膜随母牛排尿时排出,常不易被发现。牛配种后10~17天易发生早期胚胎死亡。

(2)早产 即排出未足月的胎儿。在排出胎儿2~3天前突然出现乳房肿胀,阴唇略肿胀。

(3)排出未变化的死胎 通称小产,多发生在母牛妊娠后期。在排出死胎前,体温略高,脉搏加快,乳房轻微膨大。阴道检查可见子宫颈口微开,有稀薄黏液,直肠检查子宫动脉搏动变弱,感觉不到胎儿的活动。

(4)稽留性流产　又称死胎停滞、延期流产。又分为胎儿干尸化或木乃伊化、胎儿浸溶、胎儿腐败。

1)胎儿干尸化或木乃伊化　妊娠的外表变化停止发展。直肠检查子宫像一圆球,体积远比同龄活胎小,触之很硬的部分是胎儿体躯,较软的部分是身体各部分之间的空隙。子宫紧包胎儿,没有波动感。多发生在妊娠4个月左右,有时卵巢上有一功能性黄体。母牛发情,子宫颈开张,可将胎儿排出。

2)胎儿浸溶　由阴道排出极臭的液体,偶有零碎骨片。阴道检查可见胎儿碎骨留于子宫颈或阴道中。

3)胎儿腐败　直检可摸到比胎儿正常发育时大得多的子宫,且有气体波动感,子宫壁过度伸张,常引起母牛败血症性死亡。

2. 防治

妊娠母牛要给予合理的日粮,科学的管理,用药要慎重。有流产先兆时,可安胎。胎儿死亡时,应采取相应措施将死胎排出。同时,应剥离胎衣,冲洗子宫。若出现全身症状,可静脉注射抗生素。照顾好流产母牛。

**(二)持久黄体**

分娩后或排卵后未受精,卵巢上的黄体存在25～30天而不消失,称持久黄体。持久黄体分泌黄体酮,抑制卵泡发育,母牛不发情,造成不孕。形成持久黄体的原因是饲养管理不当、子宫疾病及体内激素分泌紊乱。

1. 症状

母牛长期不发情或发情而不排卵。直肠检查卵巢增大,持久黄体一小部分突出于卵巢表面(有的呈蘑菇状),而大部分包埋在卵巢实质中。有时卵巢上有1个或几个发育不好的卵泡。由于所处的阶段不同,持久黄体可能是略呈面团状,或硬或有弹性。为了确诊,需再隔25～30天进行第二次直肠检查,若卵巢状态和上次相似,可认为是持久黄体。

2. 防治

注射生殖激素。皮下注射孕马血清促性腺激素(PMSG),第一天20～30毫升,第二天30～40毫升。肌内注射促卵泡素(FSH)10～50毫克,每3天1次,连续3次。肌内注射己烯雌酚20～40毫克,每天1次,连用3天,5～7天后发情。肌内注射氯前列烯醇4～6毫升,2～3天后发情。如伴有子宫炎、阴道炎,应同时治疗。

## (三)卵巢囊肿

卵巢囊肿是由未排卵的卵泡或卵泡壁上的细胞黄体化形成的,前者称卵泡囊肿,后者称为黄体囊肿。发病原因除遗传因素外,可能是运动不足,饲料中矿物质、维生素缺乏,垂体前叶功能失调,大量使用了雌激素类制剂等。也可继发于其他生殖道炎症。

### 1. 症状

发情无规律,持续时间长,卵泡直径大于 2.5 厘米,至少持续 10 天不排卵,表现慕雄狂症。黄体囊肿时性周期停止,不发情。

### 2. 防治

静脉注射人绒毛膜促性腺激素(HCG)5 000 国际单位,或肌内注射10 000国际单位。肌内注射黄体酮 50 ~ 100 毫克,每天 1 次,连用5 ~ 7 天。肌内注射促黄体激素(LH)200 ~ 400 国际单位,隔天 1 次,连用 3 次。

## (四)子宫脱出

子宫脱出是子宫、子宫颈和阴道部分或全部脱出于阴道之外。主要发生在流产或分娩后不久。老、弱母牛,营养不良、运动不足、胎儿过大、助产不当造成子宫韧带松弛而引发。

### 1. 症状

不完全脱出时,母牛弓背举尾、努责,常做排粪尿状,可通过阴道检查诊断。全部脱出时,悬在阴门之外,像球状或袋状。

### 2. 防治

对不能自行回复的部分和全部子宫脱出,均需手术整复。整复前,让患牛站在前低后高的地面上,用 0.1% 高锰酸钾溶液清洗脱出子宫后,检查并除去子宫内容物,有胎衣附着时,需剥离。若有创伤、出血,应缝合止血。

可从子宫基部开始整复,即从靠近阴门的脱出部分开始,依次将阴道壁、子宫颈、子宫体和子宫角送还原位;也可由子宫角尖端开始慢慢用力向骨盆腔内推送。整复时,要在母牛不努责时进行,努责时要停送,但要用手顶住,防止已送入部分复出。

整复后,可向子宫内注入冷的低浓度消毒液 1 500 ~ 3 000 毫升,以防再度脱出;并可使子宫角展平。但子宫有较重损伤或子宫壁薄而脆者禁用此法。若母牛继续努责,可采用局部麻醉或阴门缝合等加以固定。

## (五)子宫内膜炎

子宫内膜炎主要由生殖道细菌感染引起。分产后子宫内膜炎和慢性子宫

119

内膜炎。前者为急性炎症。

1. 症状

分为急性脓性卡他性子宫内膜炎、急性纤维蛋白性子宫内膜炎、坏死性子宫内膜炎、慢性子宫内膜炎。

(1)急性脓性卡他性子宫内膜炎 略表现全身症状。努责、举尾、常有排尿状。阴门流出黏性或脓性分泌物,起初灰褐色,后灰白色,有特殊臭味。

(2)急性纤维蛋白性子宫内膜炎 全身症状明显,体温升高,食欲减退或废绝,反刍停止。阴门流出污红或棕黄色分泌物,并含灰白色组织碎块。

(3)坏死性子宫内膜炎 有严重的全身症状,体温升高,精神萎靡。阴道黏膜干燥呈暗红色,阴唇发紫,阴门流出褐色、灰褐色恶臭液体,内含腐败分解的组织碎块。

(4)慢性子宫内膜炎 多由急性转变而来,主要症状是发情不正常、屡配不孕或孕后流产,阴门排出黏性或脓性分泌物。

2. 防治

抗菌消炎,促进炎性产物排出和子宫功能的恢复。

(1)子宫冲洗 可用适量3%食盐水,0.1%高锰酸钾溶液,5%复方碘溶液,5%～10%鱼石脂溶液,任选一种子宫灌注。

(2)宫内给药 每次冲洗子宫后宫内给药,一般用80万国际单位青霉素和100万国际单位链霉素溶于200毫升鱼肝油中,加入缩宫素15国际单位,注入子宫内,每天1次,连用5天后改为隔天1次。

(3)肌内注射 己烷雌酚或己烯雌酚15～20毫升,隔天1次,连用3天。全身症状明显的,要肌内注射或静脉注射抗生素,并补钙或补糖。

**(六)胎衣不下**

产后12小时仍未排出胎衣者叫胎衣不下。主要是妊娠后期运动不足、缺钙、体弱所致,胎儿过大、难产及其他生殖系统疾病也可引起。

1. 症状

产后12小时,大部分胎衣仍滞留在子宫内或大部分悬垂于阴门外。2～3天后,由于胎衣腐败、分解,会排出污红色恶露。患牛体温升高,精神不振,食欲、反刍减少,泌乳停止。

2. 防治

加快排出,防止继发感染。主要治疗方法是手术剥离。一般应在产后18～36小时进行。要小心地将子叶逐个彻底剥离干净,然后灌注抗生素、防腐药。也可用药物疗法,或静脉注射氯化钠和安钠咖,或向子宫内注入广谱抗生素。

### 四、寄生虫病与传染病

#### (一)肝片吸虫病

肝片吸虫病主要由肝片吸虫寄生于胆管引起的全身性营养障碍和中毒的慢性疾病。

1. 症状

逐日消瘦,毛粗无光易脱落,食欲不振、消化不良、黏膜苍白、牛体下垂部位水肿。

2. 防治

粪便沉淀法可发现虫卵。春秋两季给牛驱虫。消灭锥实螺。口服硫双二氯酚(别丁),每千克体重 40~60 毫克;口服硝氯酚(拜耳 9015),每千克体重 3~4 毫克;口服血防,每千克体重 125 毫克。

#### (二)焦虫病

焦虫病是由泰勒焦虫寄生于网状内皮细胞和红细胞内所引起的急性、热性疾病。

1. 症状

病初体温升到 40~42℃,稽留热。精神沉郁,食欲、反刍全无,便秘或腹泻,心跳、呼吸加快,贫血,黏膜苍白、出现黄疸。

2. 防治

消灭蜱。肌内注射血虫净(贝尼尔),8 毫克/千克体重,配成 7% 溶液,每天 1 次,连用 3 天。静脉注射黄色素,3~4 毫克/千克体重(最大剂量 2 克),配成 0.5%~1% 溶液,一般 1 次即可,或 2~3 天后重复 1 次。

#### (三)牛皮蝇蛆病

牛皮蝇蛆病是由牛皮蝇的幼虫寄生在牛背部皮下引起的疾病。

1. 症状

不安、疼痛、发痒。寄生处形成结节、凸起,从中可挤出幼虫。严重时贫血、消瘦。

2. 防治

加强牛体卫生。用手挤出结节内幼虫。用 2% 敌百虫液洗擦牛背,隔 20 天洗擦 1 次。肌内注射:倍硫磷,4~10 毫克/千克体重;敌百虫,10%~15%

溶液,0.1~0.2毫升/千克体重。

### (四)结核病

结核病是由结核杆菌引起的人兽共患的慢性传染病。

1. 症状

发病缓慢,各组织器官均有感染的可能,而以肺部居多。肺结核病牛,表现短促干咳、呼吸,咳嗽、消瘦贫血。肠道结核病牛,便秘与腹泻交替,后常腹泻,混有黏膜和脓。生殖道结核,则只发情,不受胎。乳房结核,可见乳汁变清且有絮状凝块,乳区肿胀、无痛。

2. 防治

每年至少2次检疫,隔离阳性牛。链霉素、卡那霉素肌内注射。利福平6~10克,分2次口服。牛场、牛舍,特别是隔离牛群,经常消毒。可用20%石灰乳,5%~10%氢氧化钠,有效氯5%漂白粉、5%来苏儿等药。粪便堆积发酵。

### (五)炭疽病

炭疽病是炭疽杆菌引起的人、兽共患的急性热性和败血性传染病。

1. 症状

有最急性型、急性型、亚急性型3类,它们的症状不同。

(1)最急性型　突然发病,体温40.5℃以上,行走不稳,全身战栗,呼吸极度困难,哞叫、濒死期天然孔出血,数小时内即可死亡。

(2)急性型　体温升到42℃,呼吸、脉搏加快,食欲、反刍停止,瘤胃膨胀,妊娠母牛流产;严重者兴奋不安、惊叫,后转为高度沉郁;肌肉震颤,可视黏膜发绀、有小出血点;腹痛、粪呈血样。体温急剧下降,窒息而亡。

(3)亚急性型　在喉、颈、前胸、腹下、乳房、外阴等部皮肤,直肠及口腔黏膜发生炭疽痈。

特征变化是血凝不良,尸僵不全,天然孔出血,脾脏大,皮下和浆膜下组织出血性胶样浸润。

2. 防治

定期预防注射。已经确认是发生炭疽病,立即上报、封锁、隔离。尸体焚烧或2米以下深埋。严格消毒,严防感染人。

特效药是抗血清,成年牛100~300毫升,犊牛30~60毫升,皮下注射。早期可用抗生素及磺胺类药物,后期治疗意义不大,应及时淘汰。

### (六)口蹄疫

口蹄疫是偶蹄兽的一种急性、热性、高度接触性传染病,人也能感染。病原是口蹄疫病毒。

1. 症状

病初体温升高到40~41℃,食欲减退,流涎,呈白色泡沫,闭口,口温增高。在舌面、上下唇、齿龈、蹄部、乳房等处出现大小不等的水疱。经一昼夜水疱破溃,形成边缘整齐的红色糜烂斑。若无细菌感染,烂斑逐渐愈合,全身状况渐趋好转。犊牛多数不见水疱,以出血性肠炎和心肌麻痹为主要症候,死亡率很高。

2. 防治

常发病地区,要定期预防注射。疑似本病发生时,立即上报。确诊后,实施封锁、隔离、消毒、治疗等综合措施。

### (七)布氏菌病

布氏菌病是布氏杆菌引起的人兽共患的一种慢性接触性传染病,主要危害生殖系统和关节,对健康危害极大。

1. 症状

妊娠母牛发生流产、胎衣不下、子宫内膜炎、胎膜炎;公牛发生睾丸炎和附睾炎。病牛多数患有四肢关节炎。多呈地方性流行。本病需做血清凝集反应等检验方能确诊。

2. 防治

无特效药物,主要是预防,方法基本同结核病。

### (八)牛流行热病

牛流行热病是由病毒引起的一种急性、热性传染病。本病流行极广,发病呈跳跃式。

1. 症状

突然高热,体温40~42℃,持续3天,故称"三日热"。病牛精神委顿,脉搏增数,呼吸加快,肌肉震颤,步样强拘,排粪尿停止。根据主要表现,可分消化型、呼吸型及瘫痪型等不同类型症状。

2. 防治

以预防为主,无特效疗法。可采用葡萄糖生理盐水2 000毫升、20%安钠咖注射液10毫升,静脉注射,每天2次。30%安乃近注射液30毫升、百尔定注射液40毫升,肌内注射,每天2~3次。根据不同类型对症治疗。

### (九)放线菌病

放线菌病是由牛放线菌和林氏放线菌引起的慢性传染病。其特征是在面部、下颌骨组织等部位形成坚硬的放线菌肿。

**1. 症状**

常见上下颌骨肿大,界限明显、极为坚硬。肿部初期疼痛,晚期无痛觉。骨组织严重侵害时,骨质疏松。骨表面高低不平。软组织局部形成的肿胀与皮肤粘连,有时化脓破溃,流出脓汁,形成瘘管,经久不愈。头、颈、颌部也常有硬结,不热不痛。舌和咽部组织发病时,称"木舌病",病牛流涎,咀嚼、吞咽、呼吸困难。乳房患病时,呈现弥漫性肿大或有局灶性硬结,乳汁混有脓汁。

**2. 防治**

切开皮肤,将肿块全部切除。内服碘化钾,成年牛 5～10 克,犊牛 2～4 克,每天 1 次,连用 2～4 周。重症者可静脉注射 10% 碘化钠注射液,每次 50～100 毫升,隔天 1 次。如有中毒现象应停药。青霉素、链霉素于患部周围做封闭注射,每天 1 次,连用 5 天。也可试用金霉素。

### (十)狂犬病

狂犬病由狂犬病毒引起的急性接触性致死性传染病,是人兽共患病。

**1. 症状**

起卧不安,伤部剧痒,常在墙壁上蹭得皮肉模糊;用角攻击别的动物、墙壁或饲槽;性欲亢进;瞳孔散大,反射功能亢进,不听驯令;发出罕见的哞叫,流涎;兴奋间歇发作,逐渐出现麻痹症状,肌肉痉挛,昏迷而死。

**2. 防治**

加强检疫,扑杀病犬。被犬或可疑动物咬伤后,立即处理伤口并紧急接种狂犬病疫苗。

## 五、中毒症

引起牛中毒的因素主要有农药、无机元素和饲料。20 世纪 70 年代以后,大多数剧毒农药已禁止使用和生产,取而代之以高效低毒的新农药,中毒事件也随之减少,但工业污染所致中毒病例却在上升。

### (一)有机磷中毒

有机磷农药按毒性大小分为 3 类。剧毒类有甲拌磷(3911)、对硫磷(1605)、内吸磷(1059)、硫特普(苏化 203)等;强毒类有敌敌畏(DDVP)、甲基内吸磷(甲基 1059)等;低毒类有乐果、敌百虫、马拉硫磷(4049)、乙硫磷

（1240）等。

1. 症状

突然发病，先兴奋不安，肌肉震颤、瞳孔缩小，后精神沉郁，流涎、流鼻涕，口吐白沫，腹泻，有时混有黏液或血丝。分泌物有大蒜味。全身大汗，心跳、脉搏增快，呼吸困难，呼吸中枢麻痹死亡。剖检见胃肠黏膜出血、充血、易剥离，心肌出血，肝、脾大，肺充血出血、水肿气肿。

2. 防治

实施特效解毒，除去尚未吸收的毒物。应用胆碱酯酶复活剂和乙酰胆碱对抗剂，双管齐下，疗效确实。前者常用的有解磷定和氯磷定，用量10～30毫克/千克体重，以生理盐水配成2.5%～5%注射液，缓慢静脉注射，以后每隔2～3小时注射1次，直至症状缓解。双解磷和双复磷的剂量减半，用法相同。后者使用乙酰胆碱对抗剂，常用的是硫酸阿托品，用量0.25毫克/千克注射液，皮下或肌内注射，每隔1～2小时给药1次。

经皮肤沾染中毒的，用5%石灰水、0.5%氢氧化钠或肥皂水洗刷皮肤；经消化道中毒的，可用2%～3%碳酸氢钠或食盐水洗胃，并灌服活性炭200～300克。但敌百虫中毒不能用碱水冲洗。

**（二）亚硝酸盐中毒**

多因食入腐烂或加工调制不当的青绿饲料引起。

1. 症状

发病快，食后30分内可发病。全身痉挛、口吐白沫，腹胀、呼吸困难、站立不稳。可视黏膜发绀，迅速变为蓝紫色，脉搏加快，瞳孔散大，排尿次数增多。剖检血液黑红色，凝固不良，遇空气后呈鲜红色。

2. 防治

迅速静脉注射：1%～2%亚甲蓝注射液，1毫升/千克体重；静脉或肌内注射5%甲苯胺蓝注射液，0.5毫升/千克体重。如无上述药物，可静脉注射25%～50%葡萄糖注射液500毫升、5%维生素C注射液40～100毫升。

**（三）氢氰酸中毒**

主要因食入某些含有氢氰酸植物，如高粱、玉米的幼苗或二茬苗引起中毒。

1. 症状

突然发病，起卧不安。呼吸困难、黏膜发红、流涎，很快转为抑制。肌肉震颤、体温下降，重者瞳孔散大，阵发性惊厥，最后呼吸中枢麻痹死亡。尸体长时间不腐败,血液凝固不良,呈鲜红色。

2. 防治

用10%亚硝酸钠注射液 20 毫升,10% ~25% 葡萄糖注射液200 ~500 毫升缓慢静脉注射,再用 5% ~10% 硫代硫酸钠注射液30 ~50 毫升静脉注射。还应注射强心剂、维生素 C、葡萄糖等。

**(四)棉子饼中毒**

长期、大量饲喂含棉酚多的棉子饼就会引起中毒。慢性中毒与钙、磷代谢紊乱和维生素 A 缺乏有关。

1. 症状

急性中毒呈瘤胃积食症状。脱水、酸中毒和胃肠炎,尿量少,粪稀常带血,慢性中毒则食欲减少、尿频或尿闭。常继发呼吸道炎、肝炎和黄疸、夜盲和眼干燥症。剖检见消化道、肝、心肌及肺充血、出血、变性、肿大等病变。

2. 防治

5%葡萄糖生理盐水或复方氯化钠注射液 2 000 ~5 000 毫升,5%碳酸氢钠注射液 500 毫升或11.2%乳酸钠注射液200 ~400 毫升,混合静脉注射。连用 2 ~3 次。常水或生理盐水洗胃。

**(五)砷中毒**

误食含砷农药或饲喂砷化物污染的饲料及饮水所致。

1. 症状

(1)急性中毒 食后不久突然发病,主要呈现剧烈的胃肠炎和腹膜炎症状,同时有神经症状。数小时内全身抽搐而死。

(2)亚急性中毒 病情延续 2 ~7 天,临床仍以胃肠炎为主要症状。在剑状软骨后方发生疼痛性肿胀或化脓性蜂窝组织炎,最后昏迷而死。

(3)慢性中毒 精神沉郁,被毛粗乱、脱落,流涎有蒜臭味,腹痛、持续腹泻。感觉神经麻痹。

砷中毒家畜尸体长久不腐。

2. 防治

应用特效解毒药以恢复巯基酶的活性,排除胃肠内容物,对症治疗。二硫基丙醇(BAL)注射液肌内注射,首次剂量为 5 毫克/千克体重,以后每隔 4 小时肌内注射 1 次,剂量减半,直至痊愈。同时静脉注射10% ~20%硫代硫酸钠注射液 300 毫升;用温水或2%氧化镁液反复洗胃,然后灌服牛奶或鸡蛋清水 2 ~3 千克,稍后再灌缓泻剂;实施补液、强心、保肝、利尿等对症疗法。

### (六)铅中毒

误食含铅的油漆、农药及铅厂废水污染的饲草饲料和饮水而引起的中毒。

**1. 症状**

流涎、腹泻、腹痛等胃肠炎症状,兴奋躁狂、感觉过敏、肌肉震颤、痉挛、麻痹等神经症状(铅脑病)。犊牛多见铅脑症状,而成年牛则胃肠炎症状更为突出。

**2. 防治**

实施催吐、洗胃、导泻等急救措施。可用硫酸镁或硫酸钠溶液灌胃。静脉注射依地酸二钠钙或维尔烯酸钙,剂量为 110 毫克/千克体重,溶于 5% 葡萄糖生理盐水 100 ~ 500 毫升中,每天 2 次,4 天为 1 个疗程。

## 第三节 犊牛常见病及防控

### 一、脐炎

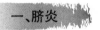

脐带断端感染细菌而引起的化脓性坏疽性炎症。

**1. 症状**

脐周围湿润、肿胀、发热,中央可挤出恶臭浓稠脓汁,脐带溃烂。可引发全身症状。

**2. 防治**

搞好接产卫生,防止犊牛互相吸吮脐带。脐周围皮下注射青霉素或卡那霉素。排脓、清除坏死组织。消毒清洗,撒布磺胺粉等,并包扎。

### 二、便秘

常因没有及时吃到初乳或犊牛体弱而造成。

**1. 症状**

出生后 24 小时内不排粪,表现不安、努责、弓背,有腹痛样,有时出汗,直肠检查有干硬粪块。

**2. 防治**

犊牛出生后应及时吃到初乳。便秘时,用植物油或液状石蜡 300 毫升直肠灌注,或 50 毫升内服。按摩腹部促进胃肠蠕动。

## 三、下痢

### 1. 症状

体温升到40℃以上,脉搏弱,食欲退。粪中有没经消化的饲料及乳凝块或血凝块,粪便恶臭,严重者有全身症状。

### 2. 防治

讲究卫生,及时哺乳初奶。发病后应减少喂乳量,甚至停喂。内服药物:磺胺脒、苏打粉各4~6克,乳酶生2~3克,一次内服,每天2~3次,连服3~5天;新霉素、链霉素各1.5~3克,苏打粉3~6克,一次内服,每天2次,连用3~5天。

肌内注射抗生素。静脉注射复方生理盐水、葡萄糖等。

## 四、犊牛腹泻

犊牛腹泻原因复杂,发病后由于体液和电解质丧失而致机体脱水。而大量抗生素的使用并不见明显疗效,本着抗菌、补液、调节胃肠机能的治疗原则,水、电解质疗法已被广泛应用。

### 1. 补液量

是根据脱水量和临床症状来确定的。其关系如表7-2所示。

表7-2 补液量与脱水量和临床症状的关系

| 脱水量(%) | 临床症状 | 补液量(升/天) |
|---|---|---|
| 6 | 皮肤弹性减少 | 3.8 |
| 8 | 眼窝凹陷 | 5.6 |
| 10 | 末梢(鼻端、肢)发凉 | 7.5 |
| 12 | 昏迷、休克 | |
| 14 | 死亡 | |

### 2. 补液方剂

(1)经口补液 用于有食欲的腹泻犊牛,脱水量6%~8%。

碳酸氢钠3.78克,氯化钠2.63克,氯化钾1.49克,葡萄糖25.2克,水1 000毫升。

碳酸氢钠10.89克,氯化钠11.36克,氯化钾5.03克,葡萄糖53.51克,甘氨酸22.3克,混合。按混合物38.2克加水1 000毫升的比例配液。服前禁食24小时。

碳酸氢钠2.5克,氯化钠3.5克,氯化钾1.5克,葡萄糖20克,水1 000毫升。

(2)静脉补液 用于无食欲,脱水量在10%以上者。

氯化钠2.86克,氯化钾1.11克,乳酸钠3.69克,葡萄糖19.8克,水1 000毫升。剂量:每千克体重25毫升。

氯化钠4.2克,氯化钾1.8克,碳酸氢钠4克,葡萄糖20克,水1 000毫升。一昼夜补8 000~12 000毫升,分3次静脉注射。

# 第八章　牛肉的质量安全

　　牛肉品质常规测定方法,主要有牛肉色泽、嫩度、风味、系水力和多汁性等指标的测定。牛肉的检验主要包括屠宰后检验、冷却肉检验、产品出厂检验等。牛肉污染控制主要从确保牛肉生产的卫生质量,实际上是对产地环境、饲养、防疫、加工、运输、销售各环节,及其对相关农业投入品、饲料、饲料添加剂、兽药、食品添加剂等的安全卫生质量和管理水平的综合控制。

# 第一节 牛肉品质常规测定方法

主要包括牛肉色泽、嫩度、风味、系水力和多汁性等指标的测定。

## 一、肉色

一般牛肉的色泽依肌肉和脂肪组织的颜色来确定,因肌肉和蛋白质含量及化学状态不同、解剖位置、年龄、品种、肥度、宰后处理而异,又以牛肉中发生的各种生化过程(如发酵、自体分解、腐败)而变化。

牛肉的颜色一般呈红色,但色泽及色调有所差异。例如,黄牛肉为淡棕红色,水牛肉为暗红并带蓝紫色光泽,老龄牛肉暗红色,犊牛肉淡灰红色。

肌肉的红色主要决定于其中的肌红蛋白含量和化学状态。如果不采取任何措施,一般肉的颜色将经过2个转变:由紫色转变为鲜红色,再由鲜红色转变为褐色。第一个转变很快,在肉置于空气中30分即发生,而第二个转变快则几小时,慢则几天。颜色转变的快慢受环境中氧气分压、pH、细菌繁殖程度、温度等诸多因素的影响。减缓由鲜红色转为褐色的过程,是保色的关键所在。

影响肉色的主要因素详见表8-1。

表8-1 影响肉色的主要因素

| 因素 | 影响 |
| --- | --- |
| 肌红蛋白含量 | 含量越多,颜色越深 |
| 年龄 | 年龄越大,肌肉肌红蛋白含量越高,肉色越深 |
| 运动 | 运动量大的肌肉,肌红蛋白含量高,肉色深 |
| pH | pH>6.0,不利于氧合肌红蛋白形成,肉色黑暗 |
| 肌红蛋白的化学状态 | 氧合肌红蛋白呈鲜红色,高铁肌红蛋白呈褐色 |
| 细菌繁殖 | 促进高铁肌红蛋白呈褐色形成,肉色变暗 |
| 电刺激 | 有利于改善牛肉的肉色 |
| 宰后处理 | 迅速冷却有利于保持鲜红颜色,放置时间加长、细菌繁殖、温度升高均促进肌红蛋白氧化、肉色变深 |
| 腌制(亚硝酸盐形成) | 生成亮红色的亚硝酸肌红蛋白,加热后形成粉红色的亚硝基血色原 |

## 二、嫩度

嫩度是牛肉的主要食用品质之一,它是消费者评判肉质优劣的最常用指标。牛肉的嫩度指牛肉在食用时口感的老嫩,反映了牛肉的质地,由肌肉中各种蛋白质结构特性决定。

影响肉的嫩度因素很多,有品种、年龄和性别以及肌肉部位等因素。这些因素之所以影响肉的嫩度是因为它们的肌纤维粗细、质地以及结缔组织质量和数量有着明显的差异,而肌纤维的粗细及结缔组织的质地是影响肉嫩度的主要内在因素。各因素对牛肉嫩度的影响详见表8-2。

表8-2 影响牛肉嫩度的主要因素

| 因素 | 影响 |
| --- | --- |
| 年龄 | 越大,肉越老 |
| 运动 | 一般运动多的肉较老 |
| 性别 | 公畜肉一般较母畜和阉畜肉老 |
| 大理石纹 | 与肉的嫩度有一定程度的正相关 |
| 肌肉部位 | 运动越多、负荷越大的肌肉因其有强壮致密的结缔组织支持,所以这些部位肌肉要老,如腿部肌肉就比腰部肌肉老 |
| 成熟 | 改善嫩度 |
| 品种 | 不同品种的牛肉在嫩度上有一定差异 |
| 电刺激 | 可改善嫩度 |
| 成熟 | 特指将肉放在10~15℃环境中解僵,这样可以防止冷收缩 |
| 肌肉 | 肌肉部位不同,嫩度差异很大,由于其中的结缔组织的量和质不同所致 |
| 僵直 | 动物宰后将发生死后僵直,此时肉的嫩度下降,僵直过后,成熟肉的嫩度得到恢复 |
| 解冻僵直 | 导致嫩度下降,损失大量水分 |

## 三、风味

肉的风味由肉的滋味和香味组合而成。滋味的呈味物质是非挥发性的,主要靠人的舌面味蕾(味觉细胞)感觉,经神经传导到大脑反映出味感。香味的呈味物质主要是挥发性的芳香物质,主要靠人的嗅觉细胞感受,经神经传导到大脑产生芳香感觉,如果是异味物,则会产生厌恶感和臭味的感觉。

肉的风味大都通过烹调后产生,生肉一般只有咸味、金属味和血腥味。当肉加热后,前体物质反应生成各种呈味物质,赋予肉以滋味和芳香味。

风味的差异主要来自脂肪的氧化,这是因为不同种动物脂肪酸组成明显不同,由此造成氧化产物及风味的差异。对牛肉的风味能产生影响的因素及其作用列于表8-3。

表8-3 影响牛肉风味的因素

| 因素 | 影响 |
|---|---|
| 年龄 | 年龄愈大,风味愈浓 |
| 脂肪 | 风味的主要来源之一 |
| 氧化 | 氧化加速脂肪产生酸败味,随温度增加而加速 |
| 饲料 | 饲料中鱼粉腥味、牧草味,均可带入肉中 |
| 腌制 | 抑制脂肪氧化,有利于保持肉的原味 |
| 细菌繁殖 | 产生腐败味 |

### 四、系水力

系水力指保持原有水分和添加水分的能力。肌肉中通过化学键固定的水分很少,大部分是靠肌原纤维结构和毛细血管张力固定。肌肉系水力是一项重要的肉质性状,它不仅影响肉的色香味、营养成分、多汁性、嫩度等食用品质,而且有着重要的经济价值。如果肌肉系水性能差,则从牛屠宰后到肉被烹调前这一段过程中,肉因为失水而失重,造成经济损失。

影响牛肉系水力的因素很多,屠宰前后的各种条件、品种、年龄、身体、脂肪厚度,肌肉的解剖学部位,宰前运输,囚禁和饥饿,屠宰工艺,pH 的变化,能量水平,尸僵开始时间,蛋白质水解酶活性和细胞结构,胴体储存、熟化、切碎、盐渍、加热、冷冻、融解、干燥、包装等都影响肌肉系水力,其中最主要的影响因素是 pH、ATP(能量水平),加热和盐渍。

### 五、多汁性

多汁性也是影响牛肉食用品质的一个重要因素。据测算,10% ~40% 牛肉质地的差异是由多汁性好坏决定的,对多汁性较为可靠的评测仍然是人为的主观感觉(口感)评定。对多汁性的评判可分为 4 个方面:一是开始咀嚼时根据肉中释放出肉汁的多少;二是根据咀嚼过程中肉汁释放的持续性;三是根据在咀嚼时刺激唾液分泌的多少;四是根据肉中脂肪在牙齿、舌头及口腔其他部位的附着给人以多汁性的感觉。国外的研究者一般从两个方面判定,即以上提出的第一和第三方面。多汁性是一个评价肉的食用品质主观指标,与它对应的指标是口腔的用力度、嚼碎难易程度和润滑程度,多汁性和以上指标有较好的相关。

影响多汁性的因素有牛肉中脂肪含量、烹调、加热速度和烹调方法、肉制品中的可榨出水分等。

## 第二节　牛肉的检验、污染及控制

### 一、牛肉的检验

1. 屠宰后检验

(1)头部检验　首先检视整个头部和眼睛,然后检查齿龈、唇、舌面、口腔黏膜等有无水泡、溃疡、坏死。触诊下颌骨和舌根、舌体,观察有否放线菌肿。与下颌平行切开内外咬肌,检查有无囊尾蚴寄生。剖检舌后内侧淋巴结和扁桃体,检查有无结核、化脓和放线菌肿。

(2)内脏检验

1)胸腔脏器检验　肺大小、色泽、形态,触检整个肺组织,注意有无充血、出血、化脓、坏疽、结节等病变,检查有无胸膜炎、肺炎、结核、棘球蚴等。然后切开支气管淋巴结和纵隔淋巴结,查看有无出血、充血等变化。对心脏,首先观察心包有无感染、出血、化脓。然后剖开心脏,观察心内膜和心外膜,注意有无点状出血、囊尾蚴等,观察心肌色泽有无异常。

2)腹腔脏器检验　牛腹腔体积较大,故常把胃肠等置于专用台上检验。肝:放于检验台上观察色泽、大小、形态,然后触检,注意有否脂肪变性,表面有无脓肿、毛细血管扩张、坏死、肿瘤,有无囊尾蚴等;剖检肝门淋巴结、胆管与肝实质,检视有否结核、脓灶、纤维等病灶,有否肝蛭(肝片吸虫)等病变。胃肠:黏膜有否充血、出血,网胃有无异物刺出,胃壁有否脓灶与溃疡;然后剖检肠系膜淋巴结,重点检查有无结核的增生性肉芽肿和干酪样坏死。脾脏:检验其大小、色泽,是否肿大、出血、坏死,有无结核病灶,如脾脏肿大应怀疑为炭疽,必须立即停止生产,采样送实验室检查,按检验结果进行处理。

3）胴体检验　首先视检胸膜、腹膜、膈膜和肌肉状态,注意其色泽、清洁度、是否有异物和其他异常,并判断其放血是否完全。注意胸壁上是否有黄豆大的增生性结节。剖检肩前淋巴结、髂内淋巴结和腹股沟淋巴结,剖检臂三头肌,注意有无结构病变和囊尾蚴寄生。

（3）牛肉有毒物含量检查　按牛的来源,每批抽查 3~7 头牛,取臀部肉样每样本约 100 克于无菌容器内送检。检测挥发性盐基氮、汞、铅、砷、铬、六六六、滴滴涕、金霉素、土霉素、磺胺类、伊维菌素。检查的卫生指标主要有总菌落数、大肠菌群和沙门杆菌。

2. 冷却肉检验

（1）感官检测　牛肉在冷加工过程中因微生物再污染、氧化、温度过高、温度波动及超期库存等,使肉变色,表面黏腻,产生异味,失去弹性。感官检查简便易行,比较可靠,但只有肉变质时才能被察觉,指标列于表 8 - 4。

表 8 - 4　冷藏牛肉质量的感官指标

| 特征 | 新鲜肉 | 不太新鲜肉 | 变质肉 |
|---|---|---|---|
| 外形 | 表面有油干薄膜 | 胴体或内面有风干的皮膜或黏液,有时有霉菌斑 | 胴体或肉表面强烈发干或明显发湿发黏并有霉菌落 |
| 颜色 | 肌肉表面呈牛肉特有红色,切面鲜亮,但不粘手,具有牛肉色泽,肉汁透明 | 肌肉面暗红或紫红,切断面具有牛肉红色但色泽暗,有黏性,渗出肉汁混浊 | 表面黑褐或灰绿色,切断面强烈发黏,呈暗紫红色 |
| 弹性 | 切面上肉质致密,手指压陷的小窝迅速恢复原状 | 切面肉质松软,手指压陷的小窝不能立即恢复原状 | 切面肉质松软,手压陷的小窝不能恢复原状 |
| 气味 | 具有良好的牛肉香味 | 缺乏香味,带有陈腐味,深层没有腐败气味 | 有腐败味,深层也有明显腐败臭味 |
| 脂肪状态 | 脂肪呈白色、微黄色或黄色,坚硬,压挤时碎裂 | 色泽稍灰暗,微粘手,有时有霉菌斑 | 色灰暗,混浊,有霉菌落,表面发黏,明显氧化气味、臭味 |

| 特征 | 新鲜肉 | 不太新鲜肉 | 变质肉 |
|------|--------|------------|--------|
| 骨髓 | 骨髓充满全部管骨腔,坚硬黄色,折断面有光泽,骨髓与骨不分离 | 骨髓稍脱离管骨壁,变软些,色泽暗混,断面没有光泽 | 骨髓不能充满管骨腔,明显与管内壁分离,呈松软状态并粘手,色暗常带灰色 |
| 腱关节 | 腱有弹性、致密,关节表面平滑有光泽,关节内组织液透明 | 腱稍软,白色无光泽,关节处有黏液,组织液混浊 | 腱湿润,泥灰色发黏,关节处含大量粥状黏液 |
| 煮时肉汤 | 肉汤透明,有牛肉芳香气味,汤面油滴透亮,味醇正 | 肉汤混浊,缺乏牛肉香味,有陈旧味,汤面油滴不大、透亮,有氧化味 | 肉汤污秽,有肉渣、明显酸败腐臭味、氨味 |

(2)肉中有害物含量检测　每批肉制品随机抽 3~7 小包装做样品,检测内容与鲜肉检测相同。

**3. 冷冻牛肉检验**

按每批肉产品随机抽 3~7 件,在有保温设备下送检,避免解冻肉汁流失干扰测定结果。

测定时,每个冻肉品中取 1 000~1 200 克,置于放有铁丝网架的搪瓷盘的网架上。网架底距离瓷盘 2 厘米。样本上覆盖塑料膜,使样品在 15~25℃ 自然解冻,待样品中心温度达到 2~3℃ 时,用电子秤称量,再将样品置于铁丝网上放置 30 分再称,如此直到两次称量差不超过 20 克,计算出解冻失水率,其他测定项目与鲜肉相同。

**4. 产品出厂检验**

在出厂前由工厂技术检验部门按本标准逐批检验(同一班次、同一种类产品为一批),并出具质量合格证书。检验项目有感官(表8-5)、挥发性盐基氮。

表8-5 各部位鲜分割牛肉和冻分割牛肉感官要求

| 项目 | 一级品 | 二级品 | 三级品 |
|------|--------|--------|--------|
| 色泽 | 瘦肉呈均匀的鲜红色或深红色,有光泽,脂肪呈乳白色或微黄色 | | |
| 气味 | 具有牛肉正常气味,无异味 | | |
| 组织状态 | 瘦肉切面纹理清晰,皮下脂肪适度、均匀,形态丰满,肉质紧密,有弹性 | 瘦肉切面纹理较清晰,皮下脂肪较适度,形态丰满,肉质较紧密,略有弹性 | 瘦肉切面有纹理,皮下脂肪尚适度,形态丰满,肉质尚紧密,弹性差 |
| 黏性 | 表面湿润,不粘手 | 表面略湿润,不粘手 | 表面略有风干,不粘手;切面湿润,不粘手 |
| 煮沸后肉汤 | 基本澄清透明,脂肪团聚于液面,具有牛肉汤应有的风味 | 略混浊,脂肪呈小滴浮于液面,肉汤鲜味不明显 | |

抽样是从成品库码放产品的不同部位,按表8-6规定进行。

表8-6 抽样数量及判定规则

| 批量范围 | 样本数量 | 合格判定数 | 不合格判定数 |
|----------|----------|------------|--------------|
| 小于1 200 | 5 | 0 | 1 |
| 1 200~2 500 | 8 | 1 | 2 |
| 大于2 500 | 13 | 2 | 3 |

注:①从全部抽样数量中抽取2千克实验样品,用于检验煮沸肉汤和挥发性盐基氮(按GB/T 5009.44—2003 中4.1规定的方法测定)。②经检验某项指标不符合本标准规定时,可加倍抽样复检,复检后有一项指标不符合本标准则判定为不合格产品。

## 二、牛肉的污染及控制

1. 牛肉污染的主要来源

(1)生物性污染 生物性污染主要指微生物、寄生虫的污染。污染方式和途径有两种:一种是内源性污染,即牛肉生产过程中受到的污染,又称为一次污染;另一种称为外源性污染,即牛肉在加工过程和流通环节中的污染,又称二次污染。

通过接触病牛或其产品传播的疫病主要有大肠杆菌病、沙门菌病、李氏杆菌病、巴氏杆菌病、布氏杆菌病、弯曲菌病、结核病、口蹄疫、痒病、弓形体病等，其中危害严重的有布氏杆菌病、口蹄疫、痒病等。有些疫病(特别是人畜共患病)是影响牛肉安全卫生的主要问题之一。当牛患有这些疾病时，不仅能引起其死亡和产品质量降低，而且通过牛及其产品可将疾病传播给人，引起食物中毒、人畜共患病等食源性疾病的发生与流行，严重影响食用者的身体健康。此外，微生物污染牛肉，还可引起牛肉的腐败变质。

(2)化学性污染　化学性污染指有毒有害化学物质的污染。许多化学污染物性质稳定，半衰期长，在环境中不易降解，且在牛体内代谢缓慢，不但影响牛的生产与健康，而且可通过食物链进入人体，对食用者构成慢性、潜在性危害。

1)兽药和药物添加剂残留　指动物产品的任何可食部分所含兽药与药物添加剂的母体、代谢产物以及与兽药有关的杂质残留。目前，动物性食品的兽药和药物添加剂残留对人类的健康构成的威胁，已成为全球范围内的共性问题和一些国际贸易纠纷的起因。常见的兽药和药物添加剂有抗生素、磺胺类、呋喃类、苯丙咪唑类、激素和促生长调节剂，特别是抗生素、激素和生长调节剂的残留不容忽视。抗生素对食用者的健康有慢性损害，并可助长耐药性微生物的生长和耐药菌株出现，使正常菌群失调，尤其在动物饲料中添加非治疗剂量的抗生素所产生的危害性更大。某些硝基呋喃类药物也可引起耐药菌株产生，并有致癌作用。激素生长促进剂多为雌激素，可在肝脏造成很高的残留，有些还有致癌性，如己烯雌酚等。

2)农药残留　这是农药使用后残存于环境、生物体和食品中的农药母体、衍生物、代谢物、降解物和杂质的总称。农药是农业生产中重要的生产资料之一，包括有机合成农药、生物源农药和矿物源农药三大类。有机农药按其结构可分为有机氯、有机磷、氨基甲酸酯、拟除虫菊酯等，其应用最广，但毒性较大。农药的使用，可以有效地控制病虫害，消灭杂草，提高农作物及饲草的产量与质量。然而，许多农药的滥用带来了环境污染和食品农药残留问题。牛肉中残留的农药，主要来自饲草饲料，也可来自被污染的饮用水和空气。当牛肉中农药残留量超过标准量时，则会对食用者产生不良影响。

3)环境污染物　环境污染物种类多、来源广、数量大、危害重，主要来自工业生产中排放的"三废"、农业生产中施用的农药和化肥、人类生活中排出的垃圾和污水。常见污染物有汞、铅、砷、镉等有害金属，氟化物、氰化物等无机物，有机氯、有机磷等农药，多氯联苯、二噁英、多环芳烃类等。这些污染物可通过饲料、饮水和呼吸进入牛体内,残留于可食组织中,引起食用者急性或慢性中毒,有些具有致癌、致畸、致突变作用。

4)其他有害物质 在牛肉制品加工中,若护色剂使用不当,可引起亚硝酸盐残留。用熏、烤、炸等方法加工牛肉时,因温度过高或时间过长而产生的多环芳烃、亚硝基化合物、杂环胺类等,对人体均有毒性作用。

(3)放射性污染 由于外在原因,牛吸附或吸收外来的放射性物质,使其体内或者产品中放射性高于自然放射性时,称为放射性污染。放射性污染的概率较小。核试验、核工业、核动力以及放射性核素在工业、农业、医学和科研等领域中的应用,有时泄漏,向外界环境排放一定量的放射性物质,尤其是半衰期较长的核素,对环境、食品安全卫生影响很大。

2. 牛肉污染的控制途径

确保牛肉生产的卫生质量,实际上是对产地环境、饲养、防疫、加工、运输、销售各环节,及其对相关农业投入品、饲料、饲料添加剂、兽药、食品添加剂等的安全卫生质量和管理水平的综合控制。任何环节或农业投入品的安全问题都会影响其卫生质量。要生产安全卫生的牛肉,就必须对饲料生产、饲养、流通、加工、销售全过程进行有效监控。

(1)严格净化生产环境 严格控制工业"三废"和城市生活垃圾对生态环境的污染,按照《畜禽养殖污染防治管理办法》《畜禽养殖排污标准》及《畜禽养殖排污管理条例》等执行,保证产地环境符合要求。重点解决化肥、农药、兽药、饲料添加剂等农业投入品对生态环境和产品的污染,对易造成公害的粪尿和有机废水进行生态无害化处理,保证产地环境符合产品生产的要求,从源头上把好产品质量安全卫生关。

(2)加强疫病预防 开展"无规定动物疫病区"项目建设,加快我国动物疫病控制与国际的接轨。执行人兽共患病等重大动物疫病防制规范或防制技术规范,强化影响养牛业发展或人民群众身体健康的疫病控制和净化措施。严格遵守《中华人民共和国动物防疫法》等国家兽医防疫的有关法律和准则,提高疫病的防治意识,加强疫病的全程监管,确保产品卫生。加强饲养场兽医卫生管理工作,创造适宜的生态环境,减少细菌、病毒感染的机会,可采用"全进全出"切断疾病的传播途径,严格控制疾病的发生,保证牛的健康生长和生产。

(3)实行全程绿色安全卫生饲养 选择环境指数达标的地区或牛场,选择适宜的品种和符合要求的牛,在整个饲养过程中确保安全生产。执行农业部制定的有关无公害畜产品生产的饲养场、投入品、饲养生产技术和畜产品质量标准,严格按《兽药使用标准》《饲料使用准则》《饲养管理准则》等操作规程生产,确保所使用的饲料、饲料添加剂等生产资料符合国家《饲料卫生标准》《饲料标签标准》、各种饲料原料标准、各种饲料产品标准、饲料添加剂标准的有关规定。禁止在牛的饲料中添加和使用肉骨粉、骨粉、血粉、血浆粉、动物下脚料、动物脂粉、干血浆及其他血液制品、脱水蛋白质、蹄粉、角粉、鸡杂碎粉、羽毛粉、油渣、鱼粉、骨胶等动物源饲料。所使用的工业副产品饲料应来自生产绿色食品和无公害食品的副产品。

严格遵守《兽药管理条例》《饲料和饲料添加剂管理条例》《食品动物禁用的兽药及其他化合物清单》《禁止在饲料和动物饮用水中使用的药物品种目录》的规定,做到坚决不用违禁药物,严格遵守用药剂量、给药途径和停药期,有效控制兽药在产品中的残留。

按标准统一组织生产,实行统一规划场地、统一圈舍设计、统一供种、统一供饲料与兽药、统一技术服务、统一操作规程,推动标准化的安全生产体系建设。

(4)实施安全卫生监控  建立健全安全卫生生产的监控体系,加大监督检查力度。首先要加快立法工作,完善产品安全、卫生管理的配套法规,使产品质量安全卫生检验工作的开展和结果的处理有法可依。其次要建立由部级到省级、市级的产品质量安全卫生检测机构,积极建立检测体系,配备高素质的专业技术人员,努力提高产品质量安全卫生的检测手段和技术水平。另外,各级政府和行业部门要继续加大产品安全卫生监管力度,严格执法,特别是要加大对违禁药物的查处力度,真正做到安全卫生生产的全程监控。

(5)建立牛肉质量安全可追溯体系  在牛肉生产体系中,建立牛肉质量安全可追溯体系,对原料、饲料、预混合饲料、添加剂、牛的谱系、饲养过程、防疫、疾病治疗用药、屠宰、加工、储运等全过程有准确完整的可追溯记录,所有记录应归档保存2年以上。一旦发现不安全卫生因素,分析可能产生危害和影响安全的因素,确定关键限值,突出关键点的控制,建立相关档案,实行质量追溯,确保产品质量,防止类似情况出现。

## 第三节　牛肉的包装、储存与运输

**1. 牛肉的包装**

包装对于避免牛肉的氧化、干耗和再污染等非常重要，是延长货架期的重要手段。冷却肉和冷冻肉的包装要求并不相同，但均用无毒塑膜做内包装，瓦楞纸板箱做外包装。内包装标志应符合GB 7718规定，外包装标志应符合GB/T 6388规定，内包装材料应符合GB/T 4456、GB/T 9681、GB 9687、GB 9688和GB 9689规定，外包装材料应符合GB/T 6543规定。

（1）冷却肉包装　冷却肉是分割之后，在3～5℃保存温度下，7～10天内销售完毕的肉，采取气调包装为佳。因为要保持牛肌肉呈亮红色，必须维持一定的氧压，同时又要使其他成分（如脂肪）氧化轻微，降低对肉品不利的酶的活性，因而人为地调整包装内气体成分十分必要。调整包装内气体成分即为气调，常用效果较好的气调成分见表8-7。

表8-7　较好的小包装内气体组成

| 配方序号 | 空气（%） | 氮气（%） | 二氧化碳（%） | 氧气（%） |
|---|---|---|---|---|
| 1 | | 69.3 | 30 | 0.7 |
| 2 | 30 | | 70 | |
| 3 | | 90 | 10 | |
| 4 | | 99 | | 1 |
| 5 | | 100 | | |

全部氮气可有效地防止氧化，但牛肉在包装之前切面已形成氧合肌红蛋白的亮红色者为佳，否则肉色不鲜亮；切面未形成亮红的则以含有氧气的配方为佳，例如配方1。效果稳定，首推纯氮气。

采用真空包装，肉色尤其是肌肉的颜色会显深暗。感观不如气调，但对肉的内在质地并无不良，且由于真空使包装紧凑，占空间小，不过半成品肉丝、肉片、涮锅肉片等，不能采用真空包装。

（2）冷冻肉包装　分割后牛肉需较长时间保鲜的，均以冷冻储存为佳，采取冷冻储存的内包装最好是真空包装，因为真空包装可以把氧化损失降低到零。由于包装膜紧贴肉块，表面防止水分升华的干耗损失，因而肉的组织结构解冻后复原性好，解冻造成的肉汁流失也少。

### 2. 牛肉的储存

(1)冷却肉储存　冷却肉储存温度以 0 ±0.5℃ 为佳,可达到最佳库存期,但由于库存温度尚高,一些耐低温菌仍能繁殖,所以不宜过长库存,在上述温度下包装良好、卫生指标合格的牛肉,最长储存 35 天。未做包装的牛肉,则还需把冷库相对湿度调整到 90% ,卫生指标合格的牛肉最长保存 21 天。若库温高于上述温度,则每升高 1℃ ,库存期减少 1.5 ~ 2 天。

(2)冻结保存　经冷加工的肉包装后,在 -25℃ 以下强气流急冻到储存温度时转入储存库储存。采取急冻快速冷却可以避免肉内水分形成大冰晶,而大冰晶不利于解冻复原,造成解冻肉汁流失多。储存保鲜期以温度越低越长为佳(表 8 - 8)。没有包装的牛肉在同样温度下,保鲜期缩短约 30% ,库内相对湿度保持在 95% 以上。为了减少干耗,库容利用率越高越好。

表 8 - 8　冻结牛肉保质期

| 温度(℃) | 期限(月) |
|---|---|
| - 12℃ | 8 |
| - 15℃ | 12 |
| - 24℃ | 18 |
| - 35℃ | 26 |

不做排酸工艺的牛肉也应做降温处理,即屠宰后胴体进入 10℃ 冷库,在相对湿度 95% 以上,风速 3 米/秒(头 10 小时),以后自然对流,共悬挂不少于 36 小时(或屠宰之后热肉分割包装后入此库冷却 36 小时),使胴体或肉块完成僵直过程再急冻。不做上述步骤处理会使解冻后发生解冻僵直,肌肉强烈收缩,使大量肉汁流失,肉块复原不良,肉质变硬而粗糙等,经济损失巨大。

(3)冷库使用注意事项　牛肉进库前事先选好库位,库内按肉品分类分级定位存放,肉品不得直接堆于地面,要安排货架,使肉品与地面留 15 ~ 30 厘米有效通风距离,肉品不得靠库壁堆放,应与库壁间留 15 ~ 30 厘米有效通风距离。否则,靠地挨墙的肉品会升温腐败变质。垛高 2.5 ~ 3 米,与顶棚应留 0.5 米以上距离,垛间留 1.2 ~ 1.5 米走道。库温稳定,昼夜波动小于 1℃ ,相对湿度 95% 以上。一般库内空气采用自然循环即可。进出库要快(设有足够容量的缓冲间),大批进出库时库温波动小于 4℃ 。

### 3. 牛肉的运输

牛肉及其制品在运输过程中,应使用符合食品卫生要求的专用冷藏车,不得与对产品产生不良影响的物品混装。

# 第四节　牛肉质量安全的可追溯体系

ISO 9000: 2000 这样定义可追溯性:追溯所考虑对象的历史、应用情况或所处场所的能力。具体地说,是"通过登记的识别码,对商品或行为的历史和使用或位置予以追踪的能力"。在 ISO 22000: 2005《食品安全管理体系对食品链中各组织的要求》标准中,要求"组织应建立且实施可追溯性系统,以确保能够识别产品批次及其与原料批次、生产和交付记录的关系。可追溯性系统应能够识别直接供方的进料和成品初次分销的途径"。

**(一)牛肉质量安全可追溯体系**

现代牛肉及其产品标识与可追溯体系的基本流程包括生产、加工、运输、销售及消费等 5 个环节,每个环节受到各自经营特点、产品特性及风险发生概率等因素的影响,承担不同的追溯义务和责任。可追溯体系的本质是针对牛本身、牛肉产品及其生产全过程信息的管理,包括记录、保存、审核、传递 4 项主要内容。具体包括以下 5 个环节。

1. 肉牛饲养生产阶段

此阶段是肉牛养殖者作为可追溯体系的起点,承担着原料(初级动物产品)的生产与供给,是确保产品质量、提高安全水平、增加安全信息供给的第一道关卡。它的主要责任是提供生产日志,其中包含生产资料信息(产地、兽药、饲料使用等)、肉牛引入或输出信息、生产信息(养殖方法、疫病控制)、生产者信息(名称、经营历史、联系方式)、产品信息(种类、名称、数量等)以及其他相关内容。在生产阶段,做好肉牛来源及去向控制和过程信息记录是有效开展后续追溯工作的基础。

2. 牛肉产品加工阶段

加工厂是食品体系内实现产品转化、增值和安全供给的主体,通过利用各种质量管理体系如 HACCP、ISO 9000 等来控制产品质量。提供加工过程记录,有助于增强企业竞争力、满足法律法规要求。加工过程记录应包括生产者信息(工厂名称、企业资质、联系方式)、产品信息(原料来源、添加剂使用、加工日期、加工方式、保质期等)、质量信息(原料检验、过程检验、成品检验)、加工过程记录(生产班组、重量记录、加工时间等)和其他与交易相关的信息。由于肉牛到牛肉产品转化伴随着产品形式及外观的根本性变化,在全程可追溯体系中,此阶段的另一个关键任务是需要在加工信息和肉牛养殖信息之间建立系统的联系,以保证可追溯体系的完整性。

3. 物流阶段

物流组织是联系牛肉供给与销售的重要环节。由于现代牛肉消费模式的转变,即产地与消费地分离、跨季节消费、国际化供给等特征凸现,物流组织对于肉牛生产与消费的影响力日益增强。物流过程中的卫生条件、保温措施、储运时间等对牛肉安全品质的影响十分关键。可追溯体系要求物流组织对前一环节的信息进行校验和存档,同时,提供运输管理记录,包括承运商名称、储运条件、产品信息、货物编号、包装类型、交易信息(发货/到货日期、数量)等。

4. 零售阶段

在此阶段,零售商需要对牛肉供应商的产品信息进行校验,并记录备案。同时,通过适当的方式向消费者披露牛肉产品名称、原料产地、生产日期、有效期、净重、原料名称、生产者名称、零售商名称、储存方法和其他标签等信息。通常零售商拥有更多消费者的食品喜好、消费习惯、风险等信息,一方面,可以利用这些信息为自身创造利润,同时反馈给链条内的上游企业,使之及时调整牛肉生产供应结构,增加赢利机会;另一方面,当发生牛肉安全问题时,可以及时识别和追溯有问题的产品,减少消费者及整个社会的损失。

5. 消费者阶段

在整个牛肉可追溯体系中,消费者位于信息链条的终端,是这个体系的主要受益者。消费者对于牛肉可追溯体系的支持程度或对牛肉安全信息的关注情况,将直接影响和决定牛肉可追溯体系的建立与发展。消费者的购买力、风险意识、对可追溯体系的认知程度及信息反馈等,都是决定牛肉可追溯体系成败的重要因素。从有助于追溯制度建设的角度出发,应加强对消费者牛肉风险意识宣传,使消费者放心消费。

**(二)建立现代牛肉质量安全可追溯体系的主要内容**

现代牛肉质量安全可追溯体系主要由企业标识,牛的标识,牛肉产品标识,信息记录、保存及传递,法规标准,监督管理体系6个方面构成。

1. 企业标识

企业标识包括肉牛养殖者标识、肉牛屠宰加工企业标识、运输企业标识、销售企业标识。

2. 牛的标识

牛的标识包括牛个体标识和牛群体标识,目前常用的可追溯标识为基于无线射频识别技术(RFID)的电子耳标。

3. 牛肉及其产品的标识

牛肉及其产品标识的主要目的,是将牛的来源与肉牛屠宰加工信息联系起来,并在牛肉产品标识中将以上信息标明。目前,牛肉产品标识主要通过标签进行,在产品标签中详细注明所有与可追溯体系相关的要素,至少应包括品名、原材料名称、内容量、生产日期批次号、牛肉原材料来源企业、产品加工企业或经营商名称等信息。这些信息同时以条形码或电子芯片等形式印制或附着在标签上,以便在销售体系中输入计算机系统。牛肉产品标识体系不应对消费者的心理产生负面影响,应由国家制定标签标准,并监督标准的执行情况。

4. 信息记录、保存及传递

在牛肉产品供应链中,生产经营信息的记录是实现肉牛及产品可追溯的基础,是建立可追溯体系的必要环节。牛肉及其产品可追溯性体系的有效性与信息的准确性关系密切,在生产链的任一环节出现错误的信息记录均会影响到整个体系的有效性。理想的信息记录系统至少包括下列内容:肉牛养殖环节信息记录(包括肉牛的品种、数量、繁殖记录、标识情况、来源和进出场日期;饲料、饲料添加剂、兽药等的来源、名称、使用对象、时间和用量;检疫、免疫、消毒情况;发病、死亡和无害化处理情况;动物所在场所等)、动物移动信息记录、牛肉产品信息记录等。

在牛肉及其产品标识与可追溯体系中,所有的信息记录均应存储在信息体系中心即数据库中。建立数据库是构建牛肉及其产品标识与可追溯体系中最复杂的环节,需要在均衡供应链内各方利益的基础上,制定统一的追溯原则、技术标准及管理程序等。通过共享式传递的信息交流方式来满足相关生产经营者、政府及消费者对追溯体系的要求,从而确保在牛肉及其产品标识与可追溯体系中信息准确、可靠,信息传递快速、一致。

5. 法规标准

国家法规及标准体系是保证可追溯性体系得到实施、保证信息准确性的有效工具。通过标准及法规体系,可以确保标识设施及记录的更新、保存,以及企业与牛肉标识的准确统一、持续有效,保证可追溯活动的顺利进行。因此,应建立与牛肉标识相关的法律法规,以及牛肉标识设施、生产记录、移动运输记录、动物产品标签、标识码和数据库等方面的国家标准,使牛肉及其产品标识与可追溯体系能够协调一致,准确有效地运行。

## 6. 监督管理

牛肉及其产品标识与可追溯是一项系统工程,在任何一个环节出现错误的标识或记录均可能影响整个体系的准确性。因此,对全过程进行监管是建立牛肉及其产品标识与可追溯体系的必然要求。通过对这个体系相关要素的研究,在整个体系中应该重点监管标识设备设施、标识行为、标识信息数据库和信息交流以及肉牛养殖、流通、屠宰、加工等环节,以保证标识设施的性能及标记物的质量满足追溯体系的要求,确保信息记录及时、完整、准确,实现从农场到餐桌全过程的监管,从而保证牛肉及其产品标识与可追溯体系的完整性、准确性和有效性。

# 附　录

## 附录一　无公害食品　肉牛饲养兽药使用准则

1. 范围

本标准规定了生产无公害食品的肉牛饲养过程中允许使用的兽药种类及其使用准则。

本标准适用于无公害食品的肉牛饲养过程的生产、管理和认证。

2. 规范性引用文件

下列文件中的条款通过本标准的引用而成为本标准的条款。凡是注日期的引用文件，其随后所有的修改单（不包括勘误的内容）或修订版均不适用于本标准，然而，鼓励根据本标准达成协议的各方研究是否可使用这些文件的最新版本。凡是不注日期的引用文件，其最新版本适用于本标准。

NY/T 388　畜禽场环境质量标准

NY 5027　无公害食品 畜禽饮用水水质

NY 5126　无公害食品 肉牛饲养兽医防疫准则

NY 5127　无公害食品 肉牛饲养饲料使用准则

NY/T 5128　无公害食品 肉牛饲养管理准则

中华人民共和国兽药典(2000 年版)

中华人民共和国兽药规范(1992)

中华人民共和国兽用生物制品质量标准

兽药管理条例

中华人民共和国动物防疫法

进口兽药质量标准(中华人民共和国农业部农牧发〔1999〕2 号)

兽药质量标准(中华人民共和国农牧发〔1999〕16 号)

饲料药物添加剂使用规范

食品动物禁用的兽药及其他化合物清单(中华人民共和国农业部公告第193 号)

饲料和饲料添加剂管理条例

3. 术语和定义

下列术语和定义适用于本标准。

3.1 兽药 veterinary drug

用于预防、治疗和诊断畜禽等动物疾病,有目的地调节其生理机能并规定作用、用途、用法、用量的物质(含饲料药物添加剂)。包括:血清、疫苗、诊断液等生物制品;兽用的中药材中成药、化学原料及其制剂;抗生素、生化药品、放射性药品。

3.1.1 抗寄生虫药 antiparasitic drug

能够杀灭或驱除动物体内、体外寄生虫的药物,其中包括中药材、中成药、化学药品、抗生素及其制剂。

3.1.2 抗菌药 antibacterial drug

能够抑制或杀灭病原菌的药物,其中包括中药材、中成药、化学药品、抗生素及其制剂。

3.1.3 饲料药物添加剂 medicated feed additive

为预防、治疗动物疾病而掺入载体或者稀释剂的兽药的预混物,包括抗球虫药类、驱虫剂类、抑菌促生长类等。

3.1.4 疫苗 vaccine

由特定细菌、病毒等微生物以及寄生虫制成的主动免疫制品。

3.1.5 消毒防腐剂 disinfectant and preservative

用于抑制或杀灭环境中的有害微生物、防止疾病发生和传染的药物。

3.2 休药期 withdrawal period

食品动物从停止给药到许可屠宰或它们的产品(乳、蛋)许可上市的间隔时间。

4. 使用准则

肉牛养殖场的饲养环境应符合 NY/T 388 的规定。肉牛饲养者应供给肉牛充足的营养,所用饲料、饲料添加剂和饮用水应符合《饲料和饲料添加剂管理条例》、NY 5127 和 NY 5027 的规定。应按照 NY/T 5128 加强饲养管理,净化和消毒饲养环境,采取各种措施以减少应激,增强动物自身的免疫力。应严格按照《中华人民共和国动物防疫法》和 NY5126 的规定进行预防,建立严格的生物安全体系,防止肉牛发病和死亡,最大限度地减少化学药品和抗生素的使用。确需使用治疗用药的,经实验室诊断确诊后再对症下药,兽药的使用应有兽医处方并在兽医的指导下进行。用于预防、治疗和诊断疾病的兽药应符合《中华人民共和国兽药典》《中华人民共和国兽药规范》《中华人民共和国兽用生物制品质量标准》《兽药质量标准》《进口兽药质量标准》和《饲料药物添加剂使用规范》的相关规定。所用兽药必须来自具有兽药生产许可证和产品批准文号的生产企业或者具有进口兽药许可证的供应商。所用兽药的标签应符合《兽药管理条例》的规定。

4.1 优先使用疫苗预防肉牛疫病,应结合当地实际情况进行疫病的预防接种。

4.2 允许使用符合《中华人民共和国兽药典》《中华人民共和国兽药规范》《兽药质量标准》和《进口兽药质量标准》规定的消毒防腐剂对饲养环境、厩舍和器具进行消毒,同时应符合 NY/T 5128 的规定。

4.3 允许使用符合《中华人民共和国兽药典》和《中华人民共和国兽药规范》规定的用于肉牛疾病预防和治疗的中药材和中药成方制剂。

4.4 允许使用符合《中华人民共和国兽药典》《中华人民共和国兽药规范》《兽药质量标准》和《进口兽药质量标准》规定的钙、磷、硒、钾等补充药,酸碱平衡药,体液补充药,电解质补充药,营养药,血容量补充药,抗贫血药,维生素类药,吸附药,泻药,润滑剂,酸化剂,局部止血药,收敛药和助消化药。

4.5 允许使用国家畜牧兽医行政管理部门批准的微生态制剂。

4.6 允许使用附表 A 中的抗寄生虫药、抗菌药和饲料药物添加剂,使用中应注意以下几点:

a) 严格遵守规定的用法与用量。

b) 休药期应严格遵守附表 A 中规定的时间。

4.7 慎用作用于神经系统、循环系统、呼吸系统、泌尿系统的兽药及其他兽药。

4.8 建立并保存肉牛的免疫程序记录;建立并保存患病与用药记录,治疗用药记录包括患病肉牛的畜号或其他标识、发病时间及症状、治疗用药物名称(商品名及有效成分)、给药途径及剂量、治疗时间和疗程等;预防或促生长混饲给药记录包括所用药物名称(商品名称及有效成分)、剂量和疗程等。

4.9 禁止使用未经国家畜牧兽医行政管理部门批准的兽药或已经淘汰的兽药。

4.10 禁止使用附表 B 中的兽药及其他化合物。

附表 A  肉牛饲养允许使用的抗寄生虫药、抗菌药和饲料药物添加剂及使用规定

| 类别 | 药品名称 | 制剂 | 用法与用量<br>（用量以有效成分计） | 休药期<br>（天） |
|---|---|---|---|---|
| 抗寄生虫药 | 阿苯达唑 | 片剂 | 内服，一次量 10 ~ 15 毫克/千克体重 | 27 |
| | 双甲脒 | 溶液 | 药浴、喷洒、涂擦，配成 0.025% ~ 0.05% 的溶液 | 1 |
| | 青蒿琥酯 | 片剂 | 内服，一次量 5 毫克/千克体重，首次量加倍，2 次/天，连用 2 ~ 4 天 | 不少于 28 |
| | 溴酚磷 | 片剂、粉剂 | 内服，一次量 12 毫克/千克体重 | 21 |
| | 氯氰碘柳胺钠 | 片剂、混悬液 | 内服，一次量 5 毫克/千克体重 | 28 |
| | | 注射液 | 皮下或肌内注射，一次量 2.5 ~ 5 毫克/千克体重 | 28 |
| | 芬苯达唑 | 片剂、粉剂 | 内服，一次量 5 ~ 7.5 毫克/千克体重 | 28 |
| | 氰戊菊酯 | 溶液 | 喷雾，配成 0.05% ~ 0.1% 溶液 | 1 |
| | 伊维菌素 | 注射液 | 皮下注射，一次量 0.2 毫克/千克体重 | 35 |
| | 盐酸左旋咪唑 | 片剂、 | 内服，一次量 7.5 毫克/千克体重 | 2 |
| | | 注射液 | 皮下、肌内注射，一次量 7.5 毫克/千克体重 | 14 |
| | 奥芬达唑 | 片剂 | 内服，一次量 5 毫克/千克体重 | 11 |
| | 碘醚柳胺 | 混悬液 | 内服，一次量 7 ~ 12 毫克/千克体重 | 60 |
| | 噻苯达唑 | 粉剂 | 内服，一次量 50 ~ 100 毫克/千克体重 | 3 |
| | 三氯苯唑 | 混悬液 | 内服，一次量 6 ~ 12 毫克/千克体重 | 28 |

| 类别 | 药品名称 | 制剂 | 用法与用量（用量以有效成分计） | 休药期（天） |
|---|---|---|---|---|
| 抗菌药 | 氨苄西林钠 | 注射用粉针 | 肌内、静脉注射，一次量 10~20 毫克/千克体重，2~3 次/天，连用 2~3 天 | 不少于 28 天 |
| | | 注射液 | 皮下或肌内注射，一次量 5~7 毫克/千克体重 | 21 |
| | 苄星青霉素 | 注射用粉针 | 肌内注射，一次量 2 万~3 万国际单位/千克体重，必要时 3~4 天重复 1 次 | 30 |
| | 青霉素钾钠 | 注射用粉针 | 肌内注射，一次量 1 万~2 万国际单位/千克体重，2~3 次/天，连用 2~3 天 | 不少于 28 天 |
| | 硫酸小檗碱 | 注射液 | 肌内注射，一次量 0.15~0.4 克 | 0 |
| | | 粉剂 | 内服，一次量 3~5 克 | |
| | 恩诺沙星 | 注射液 | 肌内注射，一次量 2.5 毫克/千克体重，1~2 次/天，连用 2~3 天 | 14 |
| | 乳糖酸红霉素 | 注射用粉针 | 静脉注射，一次量 3~5 毫克/千克体重，2 次/天，连用 2~3 天 | 21 |
| | 土霉素 | 注射液（长效） | 肌内注射，一次量 10~20 毫克/千克体重 | 28 |
| | 盐酸土霉素 | 注射用粉针 | 静脉注射，一次量 5~10 毫克/千克体重，2 次/天，连用 2~3 天 | 19 |
| | 普鲁卡因青霉素 | 注射用粉针 | 肌内注射，一次量 12 万国际单位/千克体重，1 次/天，连用 2~3 天 | 10 |
| | 硫酸链霉素 | 注射用粉针 | 肌内注射，一次量 10~15 毫克/千克体重，2 次/天，连用 2~3 天 | 14 |
| | 磺胺嘧啶 | 片剂 | 内服，一次量，首次量 0.14~0.2 毫克/千克体重，维持量 0.07~0.1 毫克/千克体重，2 次/天，连用 3~5 天 | 8 |

附录

151

| 类别 | 药品名称 | 制剂 | 用法与用量<br>（用量以有效成分计） | 休药期<br>（天） |
|---|---|---|---|---|
| 抗菌药 | 磺胺嘧啶钠 | 注射液 | 静脉注射，一次量 0.05～0.1 毫克/千克体重，1～2 次/天，连用 2～3 天 | 10 |
| | 复方磺胺嘧啶钠 | 注射液 | 肌内注射，一次量 20～30 毫克/千克体重（以磺胺嘧啶计），1～2 次/天，连用 2～3 天 | 28 |
| | 磺胺二甲嘧啶 | 片剂 | 内服，一次量，首次量 0.14～0.2 毫克/千克体重，维持量 0.07～0.1 毫克/千克体重，1～2 次/天，连用 3～5 天 | 10 |
| | 磺胺二甲嘧啶钠 | 注射液 | 静脉注射，一次量 0.05～0.1 毫克/千克体重，1～2 次/天，连用 2～3 天 | 10 |
| 饲料药 | 莫能菌素钠 | 预混剂 | 混饲，200～360 毫克/（头·天） | 5 |
| | 杆菌肽锌 | 预混剂 | 混饲，每 1 000 千克饲料，犊牛 10～100 克（3 月龄以下），4～40 克（3～6 月龄） | 7 |
| | 黄霉素 | 预混剂 | 混饲，30～50 千克/（头·天） | 0 |
| | 硫酸黏菌素 | 预混剂 | 混饲，每 1 000 千克料，犊牛 5～40 克 | 7 |

### 附表 B 肉牛饲养禁止使用的兽药及其他化合物

| 兽药及其他化合物名称 | 禁止用途 |
|---|---|
| β - 兴奋剂类：克仑特罗、沙丁胺醇、西马特罗及其盐、酯及制剂 | 所有用途 |
| 性激素类：己烯雌酚及其盐、酯及制剂 | 所有用途 |
| 具有雌激素样作用的物质：玉米赤霉醇、去甲雄三烯醇酮、醋酸甲黄体酮及制剂 | 所有用途 |
| 氯霉素及其盐、酯（包括琥珀氯霉素）及制剂 | 所有用途 |
| 氨苯砜及制剂 | 所有用途 |
| 硝基呋喃类：呋喃唑酮、呋喃它酮、呋喃苯烯酸钠及制剂 | 所有用途 |
| 硝基化合物：硝基酚钠、硝呋烯腙及制剂 | 所有用途 |
| 催眠、镇静类：安眠酮及制剂 | 所有用途 |
| 林丹（丙体六六六） | 杀虫剂 |

| 兽药及其他化合物名称 | 禁止用途 |
|---|---|
| 毒杀酚（氯化烯） | 杀虫剂 |
| 呋喃丹（克百威） | 杀虫剂 |
| 杀虫脒（克死螨） | 杀虫剂 |
| 酒石酸锑钾 | 杀虫剂 |
| 锥虫胂胺 | 杀虫剂 |
| 五氯酚酸钠 | 杀虫剂 |
| 各种汞制剂,包括氯化亚汞(甘汞)、硝酸亚汞、醋酸汞、吡啶基醋酸汞 | 杀虫剂 |
| 性激素类:甲睾酮、丙酸睾酮、苯丙酸诺龙、苯甲酸雌二醇及其盐、酯及制剂 | 促生长 |
| 催眠、镇静类:氯丙嗪、地西泮(安定)及其盐、酯及制剂 | 促生长 |
| 硝基咪唑类:甲硝唑、地美硝唑及其盐、酯及制剂 | 促生长 |

注:摘自中华人民共和国农业部公告第193号《食品动物禁用的兽药及其他化合物清单》。

## 附录二　无公害食品　肉牛饲养兽医防疫准则

1　范围

本标准规定了生产无公害食品的肉牛饲养场在疫病的预防、监测、控制和扑灭方面的兽医防疫准则。

本标准适用于生产无公害食品肉牛饲养场的兽医防疫。

2　规范性引用文件

下列文件中的条款通过本标准的引用而成为本标准的条款。凡是注日期的引用文件,其随后所有的修改单(不包括勘误的内容)或修订版均不适用于本标准,然而,鼓励根据本标准达成协议的各方研究是否可使用这些文件的最新版本。凡是不注日期的引用文件,其最新版本适用于本标准。

GB 16548　畜禽病害肉尸及其产品无害化处理规程

GB 16549　畜禽产地检疫规范

NY/T 388　畜禽场环境质量标准

NY 5027　无公害食品　畜禽饮用水水质

NY 5126　无公害食品　肉牛饲养兽药使用准则

NY 5127　无公害食品　肉牛饲养饲料使用准则

NY/T 5128　无公害食品　肉牛饲养管理准则

中华人民共和国动物防疫法

3　术语和定义

下列术语和定义适用于本标准。

3.1

动物疫病　animal epidemic disease

动物的传染病和寄生虫病。

3.2

病原体　pathogen

能引起疾病的生物体,包括寄生虫和致病微生物。

3.3

动物防疫　animal epidemic prevention

动物疫病的预防、控制、扑灭和动物、动物产品的检疫。

4　疫病预防

4.1　环境卫生条件

肉牛饲养场的环境卫生质量应符合 NY/T 388 规定的要求。

4.2　肉牛饲养场的卫生条件

4.2.1　肉牛饲养场的选址、布局、设施及其卫生要求、工作人员健康卫生要求、运输卫生要求、防疫卫生等必须符合 NY/T 5128 规定的要求。

4.2.2　具有清洁、无污染的水源,水质应符合 NY 5027 规定的要求。

4.2.3　肉牛饲养场应设管理和生活区、生产和饲养区、生产辅助区、畜粪堆贮区、病牛隔离区和无害化处理区,各区应相互隔离。净道与污道分设,并尽可能减少交叉点。

4.2.4　非生产人员不应进入生产区。特殊情况下,需经消毒后方可入场,并遵守场内的一切防疫制度。

4.2.5　应按照 NY/T 5128 规定的要求建立规范的消毒方法。

4.2.6　肉牛饲养场内不准屠宰和解剖牛。

4.3　引进牛

4.3.1　坚持自繁自养的原则,不从有牛海绵状脑病及高风险的国家和地区引进牛、胚胎/卵。

4.3.2　必须引进牛时,应从非疫区引进牛,并有动物检疫合格证明。

4.3.3　牛在装运及运输过程中没有接触过其他偶蹄动物,运输车辆应做过彻底清洗消毒。

4.3.4　牛引入后至少隔离饲养 30 天,在此期间进行观察、检疫,确认为健康者方可合群饲养。

4.4　饲养管理要求

肉牛饲养场的饲养管理应符合 NY/T 5188 规定的要求。

4.5　饲料、饲料添加剂和兽药的要求

4.5.1　饲料和饲料添加剂的使用应符合 NY 5128 规定的要求,禁止饲喂动物源性肉骨粉。

4.5.2　兽药的使用应符合 NY 5128 规定的要求。

4.6　免疫接种

肉牛饲养场应根据《中华人民共和国动物防疫法》及其配套法规的要求,结合当地实际情况,有选择地进行疫病的预防接种工作,并注意选择适宜的疫苗和免疫方法。

5　疫病控制和扑灭

5.1　肉牛饲养场发生或怀疑发生一类疫病时,应依据《中华人民共和国动物防疫法》及时采取以下措施。

5.1.1　立即封锁现场,驻场兽医应及时进行诊断,采集病料由权威部门确诊,并尽快向当地动物防疫监督机构报告疫情。

5.1.2　确诊发生口蹄疫、蓝舌病、牛瘟、牛传染性胸膜肺炎时,肉牛饲养场应配合当地畜牧兽医管理部门,对牛群实施严格的隔离、检疫、扑杀措施。

5.1.3 发生牛海绵状脑病时,除了对牛群实施严格的隔离、扑杀措施外,还需追踪调查病牛的亲代和子代。

5.1.4　全场进行彻底的清洗消毒,病死或淘汰牛的尸体按GB 16548进行无害化处理。

5.2　发生炭疽时,焚毁病牛,对可能污染点彻底消毒。

5.3　发生牛白血病、结核病、布氏菌病等疫病,发现蓝舌病血清学阳性牛时,应对牛群实施清群和净化措施。

6　产地检疫

产地检疫按 GB 1659 和国家有关规定执行。

## 7 疫病监测

7.1 当地畜牧兽医行政管理部门必须依照《中华人民共和国动物防疫法》及其配套法规的要求,结合当地实际情况,制订疫病监测方案,由当地动物防疫监督机构实施,肉牛饲养场应积极予以配合。

7.2 肉牛饲养场常规监测的疾病至少应包括口蹄疫、结核病、布氏菌病。

7.3 不应检出的疫病:牛瘟、牛传染性胸膜肺炎、牛海绵状脑病。

除上述疫病外,还应根据当地实际情况,选择其他一些必要的疫病进行监测。

7.4 根据当地实际情况由动物防疫监督机构定期或不定期进行必要的疫病监督抽查,并将抽查结果报告当地畜牧兽医行政管理部门,并反馈肉牛饲养场。

## 8 记录

每群肉牛都要有相关的资料记录,其内容包括:肉牛来源,饲料消耗情况,发病率、死亡率及发病死亡原因,消毒情况,无害化处理情况,实验室检查及其结果,用药及免疫接种情况,肉牛去向。所有记录必须妥善保存。

# 附录三 无公害食品 肉牛饲养饲料使用准则

## 1 范围

本标准规定了生产无公害肉牛所需的配合饲料、浓缩饲料、精饲料补充料、粗饲料、青绿饲料、添加剂预混合饲料、饲料原料和饲料添加剂的技术要求,以及饲料加工过程、试验方法、检验规则、标签、包装、储存和运输的基本准则。

本标准适用于生产无公害肉牛所需的商品配合饲料、浓缩饲料、精饲料补充料、粗饲料、青绿饲料、添加剂预混合饲料、饲料原料和饲料添加剂以及生产无公害食品牛肉的养殖场自配饲料。

出口产品的质量应按双方合同要求进行。

## 2 规范性引用文件

下列文件中的条款通过本标准的引用而成为本标准的条款。凡是注日期的引用文件,其随后所有的修改单(不包括勘误的内容)或修订版均不适用于本标准,然而,鼓励根据本标准达成协议的各方研究是否可使用这些文件的最新版本。凡是不注日期的引用文件,其最新版本适用于本标准。

GB/T 6432 饲料中粗蛋白测定方法

GB/T 6435 饲料水分的测定方法

GB/T 6436　饲料中钙的测定方法

GB/T 6437　饲料中总磷的测定方法　光度法

GB/T 10647　饲料工业通用术语

GB 10648　饲料标签

GB 13078　饲料卫生标准

GB/T 13079　饲料中总砷的测定

GB/T 13080　饲料中铅的测定方法

GB/T 13081　饲料中汞的测定方法

GB/T 1082　饲料中镉的测定方法

GB/T 13083　饲料中氟的测定方法

GB/T 13084　饲料中氰化物的测定方法

GB/T 13086　饲料中游离棉酚的测定方法

GB/T 18087　饲料中异硫氰酸酯的测定方法

GB/T 13090　饲料中六六六、滴滴涕的测定

GB/T 13091　饲料中沙门菌的检验方法

GB/T 13092　饲料中霉菌检验方法

GB/T 14699　饲料采样方法

GB/T 16764　配合饲料企业卫生规范

GB/T 17480　饲料中黄曲霉毒素 $B_1$ 的测定　酶联免疫吸附法

NY 5125　无公害食品　肉牛饲养兽药使用准则

NY 5126　无公害食品　肉牛饲养兽医防疫准则

NY/T5128　无公害食品　肉牛饲养管理准则

饲料和饲料添加剂管理条例

饲料药物添加剂使用规范(中华人民共和国农业部公告〔2001〕第 168 号)

3　术语和定义

GB/T 1067 中确立的以及下列术语和定义适用于本标准。

3.1

肉牛　beef cattle

在经济或体型结构上用于生产牛肉的品种(系)。

3.2

饲料　feed

经工业化加工、制作的供动物食用的饲料,包括单一饲料、添加剂预混合

饲料、浓缩饲料、配合饲料、精饲料补充料、粗饲料。

3.3

饲料原料（单一饲料） feedstuff,single feed

以一种动物、植物、微生物或矿物质为来源的饲料。

3.4

粗饲料 roughage,forage

天然水分含量在60%以下,干物质中粗纤维含量等于或高于18%的饲料。

3.5

非蛋白氮 non-protein nitrogen

非蛋白质形态的含氮化合物。包括游离氨基酸及其他蛋白质降解的含氮产物,以及氨、尿素、磷酸脲、铵盐等简单含氮化合物,是粗蛋白质中扣除真蛋白质以外的成分。

3.6

饲料添加剂 feed additive

在饲料加工、制作、使用过程中添加的少量或者微量物质,包括营养性饲料添加剂和一般饲料添加剂。

3.7

营养性饲料添加剂 nutritive feed additive

用于补充饲料营养成分的少量或者微量物质,包括饲料级氨基酸、维生素、矿物质微量元素、酶制剂、非蛋白氮等。

3.8

一般饲料添加剂 general feed additive

为保证或者改善饲料品质、提高饲料利用率而掺入饲料中的少量或者微量物质。

3.9

药物饲料添加剂 medical feed additive

为预防、治疗动物疾病而掺入载体或者稀释剂的兽药预混物,包括抗球虫药、驱虫剂类、抑菌促生长类等。

3.10

添加剂预混合饲料 additive premix

由一种或多种饲料添加剂与载体或稀释剂按一定比例配制的均匀混合物。

3.11

浓缩饲料 concentrate

由蛋白质饲料、矿物质饲料和添加剂预混合饲料按一定比例配制的均匀混合物。

3.12

配合饲料 formula feed

根据饲养动物营养需要,将多种饲料原料按饲料配方经工业生产的饲料。

3.13

精饲料补充料 concentrate supplement

为补充以粗饲料、青饲料、青贮饲料为基础的草食饲养动物的营养,而用多种饲料原料按一定比例配制的饲料。

4 要求

4.1 饲料原料

4.1.1 感官指标

具有该品种应有的色、嗅、味和形态特征。无发霉、变质、结块及异味、异嗅。

4.1.2 青绿饲料、干粗饲料不应发霉、变质。

4.1.3 有毒有害物质及微生物允许量应符合附表 A 及附表 B 的要求。

4.1.4 含有饲料添加剂的应做相应说明。

4.1.5 非蛋白氮类饲料的用量,非蛋白氮提供的总氮含量应低于饲料中总氮含量的 10%。

4.1.6 饲料如经发酵处理,所使用的微生物制剂应是农业部允许使用的饲料添加剂品种目录中所规定的微生物品种和经农业部批准的新饲料添加剂品种。

4.1.7 不应使用除蛋、乳制品外的动物源性饲料。

4.1.8 不应使用抗生素滤渣做肉牛饲料原料。

4.1.9 不应使用激素、类激素产品。

4.2 饲料添加剂

4.2.1 感官指标

应具有该品种应有的色、嗅、味和形态特征,无发霉、变质、结块。

4.2.2 有害物质及微生物允许量应符合附表 A 的要求。

4.2.3 饲料中使用的营养性饲料添加剂和一般饲料添加剂产品应是农

业部允许使用的饲料添加剂品种目录中所规定的品种和取得产品批准文号的新饲料添加剂品种。

4.2.4　饲料中使用的饲料添加剂产品应是取得饲料添加剂产品生产许可证的企业生产的、具有产品批准文号的产品或取得产品进口登记证的境外饲料添加剂。

4.2.5　药物饲料添加剂的使用应按照附表 C 执行。

4.2.6　使用药物饲料添加剂应严格执行休药期规定。

4.2.7　饲料添加剂产品的使用应遵照产品标签所规定的用法、用量使用。

4.3　粗饲料

应无发霉、变质、污染、冰冻及异味、异嗅。

4.4　配合饲料、浓缩饲料、精饲料补充料和添加剂预混合饲料

4.4.1　感官指标

应色泽一致,无霉变、结块及异味、异嗅。

4.4.2　有毒有害物质及微生物允许量应符合附表 A 及附表 B 的要求。

4.4.3　产品成分分析值应符合标签中所规定的含量。

4.4.4　肉牛配合饲料、浓缩饲料、精饲料补充料和添加剂预混合饲料中不应使用违禁药物。

4.5　饲料加工过程

4.5.1　饲料企业的工厂设计与设施卫生、工厂卫生管理和生产过程的卫生应符合 GB/T 16764 的要求。

4.5.2　配料

4.5.2.1　定期对计量设备进行检验和正常维护,以确保其精确性和稳定性。

4.5.2.2　微量组分应进行预稀释,并且应在专门的配料室内进行。

4.5.2.3　配料室应有专人管理,保持卫生整洁。

4.5.3　混合

4.5.3.1　应按设备性能规定的时间进行混合。

4.5.3.2　混合工序投料应按先大量、后小量的原则进行。投入的微量组分应将其稀释到配料秤最大称量的5%以上。

4.5.3.3　生产含有药物饲料添加剂的饲料时,应根据药物类型,先生产药物含量低的饲料,再依次生产药物含量高的饲料。

4.5.3.4　同一班次应先生产不添加药物饲料添加剂的饲料,然后生产添

加药物饲料添加剂的饲料。为防止加入药物饲料添加剂的饲料产品生产过程中的交叉污染,在生产加入不同药物添加剂的饲料产品时,对所用的生产设备、工具、容器应进行彻底清理。

4.5.4 留样

4.5.4.1 新接收的饲料原料和各个批次生产的饲料产品均应保留样品。样品密封后留置专用样品室或样品柜内保存。样品室和样品柜应保持阴凉、干燥。采样方法按 GB/T 14699 执行。

4.5.4.2 留样应设标签,标明饲料品种、生产日期、批次、生产负责人和采样人等事项,并建立档案由专人负责保管。

4.5.4.3 样品应保留至该批产品保质期满后 3 个月。

4.6 饲料的饲喂与使用

4.6.1 肉牛饲料的饲喂与使用应遵照 NY/T 5128 执行。

4.6.2 饲喂过程中,肉牛的疾病治疗与防疫应遵照 NY 5125 和 NY 5126 执行。

5 试验方法

5.1 饲料采样方法:按 GB/T 14699 执行。

5.2 水分:按 GB/T 6435 执行。

5.3 粗蛋白:按 GB/T 6432 执行。

5.4 钙:按 GB/T 6436 执行。

5.5 总磷:按 GB/T 6437 执行。

5.6 总砷:按 GB/T 13079 执行。

5.7 铅:按 GB/T 13080 执行。

5.8 汞:按 GB/T 13081 执行。

5.9 镉:按 GB/T 13082 执行。

5.10 氟:按 GB/T 13083 执行。

5.11 氰化物:按 GB/T 13084 执行。

5.12 游离棉酚:按 GB/T 13086 执行。

5.13 异硫氰酸酯:按 GB/T 13087 执行。

5.14 六六六、滴滴涕:按 GB/T 13090 执行。

5.15 沙门菌:按 GB/T 13091 执行。

5.16 霉菌:按 GB/T 13092 执行。

5.17 黄曲霉毒素 $B_1$:按 GB/T 17480 执行。

6 检验规则

6.1 感官要求,水分、粗蛋白、钙和总磷含量为出厂检验项目,其余为型式检验项目。

6.2 在保证产品质量的前提下,生产厂可根据工艺、设备、配方、原料等变化情况,自行确定出厂检验的批量。

6.3 试验测定值的双试验相对偏差按相应标准规定执行。

6.4 检测与仲裁判定各项指标合格与否时,应考虑允许误差。

6.5 卫生指标、限用药物和违禁药物等为判定指标。如检验中有一项指标不符合标准,应重新取样进行复验。

6.6 复检

复检应在原批量中抽取加倍的比例重新检验。结果中有一项不合格即判定为不合格。

7 标签、包装、储存和运输

7.1 标签

商品饲料应在包装物上附有饲料标签,标签应符合 GB 10648 中的有关规定。

7.2 包装

7.2.1 饲料包装应完整,无污染、无异味。

7.2.2 包装材料应符合 GB/T 16764 的要求。

7.2.3 包装印刷油墨无毒,不应向内容物渗漏。

7.2.4 包装物不应重复使用。生产方和使用方另有约定的除外。

7.3 储存

7.3.1 饲料储存应符合 GB/T 16754 的要求。

7.3.2 不合格和变质饲料应做无害化处理,不应存放在饲料储存场所内。

7.3.3 干草类及秸秆类储存时,水分含量应低于 15%,防止日晒、雨淋、霉变。

7.3.4 青绿饲料与野草类、块根、块茎、瓜果类应堆放在棚内,防止日晒、雨淋、发芽霉变。

7.4 运输

7.4.1 运输工具应符合 GB/T 6764 的要求。

7.4.2 运输作业应防止污染,保持包装的完整。

7.4.3 不应使用运转畜禽等动物的车辆运输饲料产品。

7.4.4 饲料运输工具和装卸场地应定期清洗和消毒。

### 附表 A 饲料及饲料添加剂的卫生指标

| 序号 | 安全卫生指标项目 | 产品名称 | 指标 | 试验方法 | 备注 |
|---|---|---|---|---|---|
| 1 | 砷（以总砷计）的允许量（每千克产品中）毫克 | 石粉 | ≤2.0 | GB/T 13079 | 不包括国家主管部门批准使用的有机砷制剂中的砷含量 |
| | | 硫酸亚铁、硫酸镁 | ≤2.0 | | |
| | | 磷酸盐 | ≤20.0 | | |
| | | 沸石粉、膨润土、麦饭石 | ≤10.0 | | |
| | | 硫酸铜、硫酸锰、硫酸锌、磷化钾、碘酸钙、氯化钴 | ≤5.0 | | |
| | | 氧化锌 | ≤10.0 | | |
| | | 肉牛精饲料补充料 | ≤10.0 | | |
| 2 | 铅（以 Pb 计）的允许量（每千克产品中）毫克 | 肉牛精饲料补充料 | ≤8 | GB/T 13080 | |
| | | 石粉 | ≤10 | | |
| | | 磷酸盐 | ≤30 | | |
| 3 | 氟（以 F 计）的允许量（每千克产品中）毫克 | 石粉 | ≤2 000 | GB/T 13083 | 高氟饲料 用 HG-2636-1994中的4.4条 |
| | | 磷酸盐 | ≤1 800 | | |
| | | 肉牛精饲料补充料 | ≤50 | | |
| 4 | 汞（以 Hg 计）的允许量（每千克产品中）毫克 | 石粉 | ≤0.1 | GB/T 13081 | |
| 5 | 锡（以 Cd 计）的允许量（每千克产品中）毫克 | 米糠 | ≤1.0 | GB/T 13082 | |
| | | 石粉 | ≤0.75 | | |
| 6 | 氰化物（以 HCN 计）的允许量（每千克产品中）毫克 | 木薯干 | ≤100 | GB/T 13086 | |
| | | 胡麻饼、粒 | ≤350 | | |
| 7 | 游离棉酚的允许量（每千克产品中）毫克 | 棉子饼、粒 | ≤1 200 | GB/T 13086 | |

附录

163

| 序号 | 安全卫生指标项目 | 产品名称 | 指标 | 试验方法 | 备注 |
|---|---|---|---|---|---|
| 8 | 异硫氰酸酯（以丙烯基异硫氰酸酯计）的允许量（每千克产品中）毫克 | 菜子饼、粒 | ≤4 000 | GB/T 13087 | |
| 9 | 六六六的允许量（每千克产品中）毫克 | 米糠<br>小麦麸<br>大豆饼、粕 | ≤0.05 | GB/T 13090 | |
| 10 | 滴滴涕的允许量（每千克产品中）毫克 | 米糠<br>小麦麸<br>大豆饼、粒 | ≤0.02 | GB/T 13090 | |
| 11 | 沙门杆菌 | 饲料 | 不得检出 | GB/T 13091 | |
| 12 | 霉菌的允许量（每克产品中）霉菌总数×$10^3$个 | 玉米 | <40 | GB/T 13092 | 限量饲用：40~100<br>禁用：>100 |
| | | 小麦麸、米糠 | | | 限量饲用：40~100<br>禁用：>100 |
| | | 豆饼（粕）、棉子饼（粕）、菜子饼（粕） | <50 | | 限量饲用：40~100<br>禁用：>100 |
| | | 肉牛精饲料补充料 | <45 | | |
| 13 | 黄曲霉毒素 $B_1$ 允许量（每千克产品中）微克 | 玉米、花生（粕）、棉子饼（粕）、菜子饼（粕） | ≤50 | GB/T 17480<br>或<br>GB/T 8381 | |
| | | 豆粕 | ≤30 | | |
| | | 肉牛精饲料补充料 | ≤50 | | |

注：1. 摘自 GB 13078—2001《饲料卫生标准》。

2. 所列允许量均以干物质含量为88%的饲料为基础计算。

## 附表 B 饲料原料及肉牛饲料安全卫生指标

| 序号 | 安全卫生指标项目 | 产品名称 | 指标 | 试验方法 | 备注 |
|---|---|---|---|---|---|
| 1 | 砷(以总砷计)的允许量(每千克产品中)毫克 | 植物性饲料原料 | ≤5.0 | GB/T 13079 | 不包括国家主管部门批准使用的有机砷制剂中的砷含量 |
| | | 矿物性饲料原料 | ≤10.0 | | |
| | | 肉牛浓缩饲料、配合饲料 | ≤10.0 | | |
| 2 | 铅(以 Pb 计)的允许量(每千克产品中)毫克 | 植物性饲料原料 | ≤8.0 | GB/T 13080 | |
| | | 矿物性饲料原料 | ≤25.0 | | |
| | | 肉牛浓缩饲料、配合饲料 | ≤30.0 | | |
| 3 | 氟(以 F 计)的允许量(每千克产品中)毫克 | 植物性饲料原料 | ≤100 | GB/T 13083 | |
| | | 矿物性饲料原料 | ≤1 800 | | |
| | | 肉牛浓缩饲料、配合饲料 | ≤50 | | |
| 4 | 氰化物(以 HCN 计)的允许量(每千克产品中)毫克 | 饲料原料 | ≤50 | GB/T 13084 | |
| | | 肉牛浓缩饲料、配合饲料和精饲料补充料 | ≤60 | | |
| 5 | 六六六的允许量(每千克产品中)毫克 | 饲料原料 | ≤0.40 | GB/T 13090 | |
| | | 肉牛浓缩饲料、配合饲料和精饲料补充料 | ≤0.40 | | |
| 6 | 霉菌的允许量(每克产品中)(霉菌总数 × $10^3$ 个) | 饲料原料 | <40 | GB/T 13092 | 限量使用：40 ~ 100 禁用：>100 |
| | | 肉牛浓缩饲料、配合饲料 | <50 | | |
| 7 | 黄曲霉毒素 $B_1$ 的允许量(每千克产品中)微克 | 饲料原料 | ≤30 | GB/T 17480 或 GB/T 8381 | |
| | | 肉牛浓缩饲料、配合饲料 | <80 | | |

注:1. 表中各行中所列的饲料原料不包括 GB 13078 中已列出的饲料原料。
2. 所列允许量均以干物质含量为 88% 的饲料为基础计算。

附录

165

## 附表 C　肉牛饲料药物添加剂使用规范

| 品名 | 用量 | 休药期 | 其他注意事项 |
|---|---|---|---|
| 莫能菌素钠预混剂 | 每头每天 200～360 毫克（以有效成分计） | 5 天 | 禁止与泰妙菌素、竹桃霉毒并用；搅拌配料时禁止与人的皮肤、眼睛接触 |
| 杆菌肽锌预混剂 | 每吨饲料添加犊牛 10～100 克（3 月龄以下）、4～40 克（6 月龄以下）（以有效成分计） | 0 天 | |
| 黄霉素预混剂 | 肉牛每头每天 30～50 毫克（以有效成分计） | 0 天 | |
| 盐霉素钠预混剂 | 每吨饲料添加 10～30 克（以有效成分计） | 5 天 | 禁止与泰妙菌素、竹桃霉素并用 |
| 硫酸黏杆菌素预混剂 | 犊牛每吨饲料添加 5～40 克（以有效成分计） | 7 天 | |

注：1. 摘自《饲料药物添加剂使用规范》（中华人民共和国农业部公告第 168 号）。
2. 出口肉牛产品中药物饲料添加剂的使用按双方签订的合同进行。

# 附录四　无公害食品　肉牛饲养管理准则

## 1　范围

本标准规定了无公害肉牛生产中环境、引种和购牛、饲养、防疫、管理、运输、废弃物处理等涉及肉牛饲养管理的各环节应遵循的准则。

本标准适用于生产无公害牛肉的种牛场、种公牛站、胚胎移植中心、商品牛场、隔离场的饲养与管理。

## 2　规范性引用文件

下列文件中条款通过本标准的引用而成为本标准的条款。凡是注日期的引用文件，其随后所有的修改单（不包括勘误的内容）或修订版均不适用于本标准，然而，鼓励根据本标准达成协议的各方研究是否可使用这些文件的最新版本。凡是不注日期的引用文件，其最新版本适用于本标准。

GB 16548　畜禽病害肉尸及其产品无害化处理规范。

GB 16549　畜禽产地检疫规范

GB 16567　种畜禽调运检疫技术规范

GB/T 18407.3—2001　农产品安全质量　无公害畜禽产地环境要求

GB 18596　畜禽场污染物排放标准

NY/T 388　畜禽场环境质量标准

NY 5027　无公害食品　畜禽饮用水水质标准

NY 5125　无公害食品　肉牛饲养兽药使用准则

NY 5126　无公害食品　肉牛饲养兽医防疫准则

NY 5127　无公害食品　肉牛饲养饲料使用准则

种畜禽管理条例

饲料和饲料添加剂管理条例

3　术语和定义

下列术语和定义适用于本标准。

3.1

肉牛　beef cattle

在经济或体型结构上用于生产牛肉的品种(系)。

3.2

投入品　input

饲养过程中投入的饲料、饲料添加剂、水、疫苗、兽药等物品。

3.3

净道　non-pollution road

牛群周转、场内工作人员行走、场内运送饲料的专用道路。

3.4

污道　pollution road

粪便等废弃物运送出场的道路。

3.5

牛场废弃物　cattle farm waste

主要包括牛粪、尿、尸体及相关组织、垫料、过期兽药、残余疫苗、一次性使用的畜牧兽医器械及包装物和污水。

4　牛场环境与工艺

4.1　牛场环境应符合 GB/T 18407.3 要求。

4.2　场址用地应符合当地土地利用规划的要求,充分考虑牛场的放牧和饲草、饲料条件。

4.3　牛场的布局设计应选择避风和向阳,建在干燥、通风、排水良好、易于组织防疫的地点。牛场周围 1 000 米内无大型化工厂、采矿场、皮革厂、肉品加工厂、屠宰厂、饲料厂、活畜交易市场和畜牧场污染源。牛场距离干线公路、铁路、城镇、居民区和公共场所500米以上,牛场周围有围墙(围墙高>1.5米)或防疫沟(防疫沟宽>2.0米),周围建立绿化隔离带。

4.4 饲养区内不应饲养其他经济用途的动物。饲养区外1 000米内不应饲养偶蹄动物。

4.5 牛场管理区、生活区、生产区、粪便处理区应分开。牛场生产区要布置在管理区主风向的下风或侧风向,隔离牛舍、污水、粪便处理设施和病、死牛处理区设在生产区主风向的下风或侧风向。

4.6 场区内道路硬化,裸露地面绿化,净道和污道分开,互不交叉,并及时清扫和定期或不定期消毒。

4.7 实行按生长阶段进行牛舍结构设计,牛舍布局符合实行分阶段饲养方式的要求。

4.8 种牛舍设计应能保温隔热,地面和墙壁应便于清洗和消毒,有便于废弃物排放和处理的设施。

4.9 牛场应设有废弃物储存、处理设施,防止泄漏、溢流、恶臭等对周围环境造成污染。

4.10 牛舍应通风良好,空气中有毒有害气体含量应符合NY/T 388的要求,温度、湿度、气流、光照符合肉牛不同生长阶段要求。

5 引种和购牛

5.1 引进种牛要严格执行《种畜禽管理条例》第7、8、9条,并按照GB 16567进行检疫。

5.2 购入牛要在隔离场(区)观察不少于15天,经兽医检查确定为健康合格后,方可转入生产群。

6 饲养投入品

6.1 饲料和饲料添加剂

6.1.1 饲料和饲料原料应符合NY 5127。

6.1.2 定期对各种饲料和饲料原料进行采样和化验。各种原料和产品标志清楚,在洁净、干燥、无污染源的储存仓内储存。

6.1.3 不应在牛体内埋植或在饲料中添加镇静剂、激素类等违禁药物。

6.1.4 使用含抗生素的添加剂时,应按照《饲料和饲料添加剂管理条例》执行休药期。

6.2 饮水

6.2.1 水质应符合NY 5027的要求。

6.2.2 定期清洗消毒饮水设备。

6.3 疫苗和使用

6.3.1 牛群的防疫应符合 NY 5126 的要求。

6.3.2 防疫器械在防疫前后应彻底消毒。

6.4 兽药和使用

6.4.1 治疗使用药剂时,执行 NY 5125 的规定。

6.4.2 肉牛育肥后期使用药物时,应根据 NY 5125 执行休药期。

6.4.3 发生疾病的种公牛、种母牛及后备牛必须使用药物治疗时,在治疗期或达不到休药期的不应作为食用淘汰牛出售。

7 卫生消毒

7.1 消毒剂

选用的消毒剂应符合 NY 5125。

7.2 消毒方法

7.2.1 喷雾消毒

对清洗完毕后的牛舍、带牛环境、牛场道路和周围以及进入场区的车辆等用规定浓度的次氯酸盐、有机碘混合物、过氧乙酸、新洁尔灭、煤酚等进行喷雾消毒。

7.2.2 浸液消毒

用规定浓度的新洁尔灭、有机碘混合物或煤酚等的水溶液,洗手、洗工作服或胶靴。

7.2.3 紫外线消毒

人员入口处设紫外线灯照射至少 5 分。

7.2.4 喷洒消毒

在牛舍周围、入口、产床和牛床下面撒生石灰、氢氧化钠等进行消毒。

7.2.5 火焰消毒

在牛只经常出入的产房、培育舍等地方用喷灯的火焰依次瞬间喷射消毒。

7.2.6 熏蒸消毒

用甲醛等对饲喂用具和器械在密闭的室内或容器内进行熏蒸。

7.3 消毒制度

7.3.1 环境消毒

牛舍周围环境每 2～3 周用 2% 氢氧化钠或撒生石灰消毒 1 次;场周围及场内污染地、排粪坑、下水道出口,每月用漂白粉消毒 1 次。在牛场、牛舍入口设消毒池,定期更换消毒液。

7.3.2 人员消毒

工作人员进入生产区净道和牛舍要更换工作服和工作鞋、经紫外线消毒。外来人员必须进入生产区时,应更换场区工作服和工作鞋,经紫外线消毒,并遵守场内防疫制度,按指定路线行走。

### 7.3.3 牛舍消毒

每批牛调出后,应彻底清扫干净,用水冲洗,然后进行喷雾消毒。

### 7.3.4 用具消毒

定期对饲喂用具、饲料车等进行消毒。

### 7.3.5 带牛消毒

定期进行带牛消毒,减少环境中的病原微生物。

## 8 管理

### 8.1 人员管理

8.1.1 牛场工作人员应定期进行健康检查,有传染病者不应从事饲养工作。

8.1.2 场内兽医人员不应对外出诊,配种人员不应对外开展牛的配种工作。

8.1.3 场内工作人员不应携带非本场的动物食品入场。

### 8.2 饲养管理

8.2.1 不应喂发霉和变质的饲料和饲草。

8.2.2 按体重、性别、年龄、强弱分群饲养,观察牛群健康状态,发现问题及时处理。

8.2.3 保持地面清洁,垫料应定期消毒和更换。保持料槽、水槽及舍内用具洁净。

8.2.4 对成年种公牛、母牛定期浴蹄和修蹄。

8.2.5 对所有牛用打耳标等方法编号。

### 8.3 蚊蝇、灭鼠、驱虫

8.3.1 消毒水坑等蚊蝇滋生地,定期喷洒消毒药物,消灭蚊蝇。

8.3.2 使用器具和药物灭鼠,及时收集死鼠和残余鼠药,并应做无害化处理。

8.3.3 选择高效、安全的抗寄生虫药物驱虫,驱虫程序要符合 NY 5125 的要求。

## 9 运输

9.1 商品牛运输时,应经动物防疫监督机构根据 GB 16549 检疫,并出具检疫证明。

9.2 运输车辆在使用前后要按照 GB 16567 的要求消毒。

## 10 病、死牛处理

10.1 牛场不应出售病牛、死牛。

10.2 需要处死的病牛,应在指定地点进行扑杀,传染病牛尸体要按照 GB 16548 进行处理。

10.3 有使用价值的病牛应隔离饲养、治病、病愈后归群。

11 废弃物处理

11.1 牛场污染物排放应符合 GB 18596 的要求。

12 资料记录

12.1 所有记录应准确、可靠、完整。

12.2 牛标记和谱系的育种记录。

12.3 发情、配种、妊娠、流产、产犊和产后监护的繁殖记录。

12.4 哺乳、断奶、转群的生产记录。

12.5 种牛及肥育牛来源、牛号、主要生产性能及销售地记录。

12.6 饲料及各种添加剂来源、配方及饲料消耗记录。

12.7 防疫、检疫、发病、用药和治疗情况记录。

# 附录五　无公害食品　牛肉

1 范围

本标准规定了无公害牛肉的要求、试验方法、检验规则、标志、包装、储存和运输。

本标准适用于无公害牛肉的质量安全评定。

2 规范性引用文件

下列文件中的条款通过本标准的引用而成为本标准的条款。凡是注日期的引用文件,其随后所有的修改单(不包括勘误的内容)或修订版均不适合于本标准,然而,鼓励根据本标准达成协议的各方研究是否可使用这些文件的最新版本。凡是不注日期的引用文件,其最新版本适用于本标准。

GB/T 4789.2　食品卫生微生物学检验　菌落总数测定

GB/T 4789.3　食品卫生微生物学检验　大肠菌群测定

GB/T 4789.4　食品卫生微生物学检验　沙门菌检验

GB/T 5009.11　食品中总砷及无机砷的测定

GB/T 5009.12　食品中铅的测定

GB/T 5009.15　食品中镉的测定

GB/T 5009.17　食品中总汞及有机汞的测定

GB/T 5009.44　肉与肉制品卫生标准的分析方法

GB/T 5009.116　畜、禽肉中土霉素、四环素、金霉素残留量的测定(高效液相色谱法)

GB/T 5009.123　食品中铬的测定

GB 9687　食品包装用聚乙烯成型品卫生标准的分析方法

GB/T 9960　鲜、冻四分体带骨牛肉

GB 11680　食品包装用原纸卫生标准

GB/T 19477　牛屠宰操作规程

GB/T 20759　畜禽肉中 16 种磺胺类药物残留量的测定液相色谱——串联质谱法

NY/T 815　肉牛饲养标准

NY 5030　无公害食品　畜禽饲养兽药使用准则

NY 5032　无公害食品　畜禽饲料和饲料添加剂使用准则

NY/T 5128　无公害食品　肉牛饲养管理准则

NY/T 5339　无公害食品　畜禽饲养兽医防疫准则

NY/T 5344.6　无公害食品产品　抽样规范第六部分:畜禽产品

农业部 781 号公告—5—2006　动物源食品中阿维菌素类药物残留量的测定　高效液相色谱法

3　要求

3.1　原料

活牛应来自非疫区,其饲养规程符合 NY/T 815、NY/T 5128、NY 5030、NY 5032 和 NY/T 5339 的要求,经检疫合格,附产地动物卫生监督机构检疫合格证书和相关可溯源信息。

3.2　屠宰加工

屠宰加工按 GB/T 19477 规定执行。

3.3　感官指标

鲜、冻牛肉感官指标应符合附表 A 规定。

附表 A　感官指标

| 项目 | 鲜牛肉 | 冻牛肉(解冻后) |
|------|--------|----------------|
| 色泽 | 肌肉有光泽,色鲜红或深红;脂肪呈乳白或淡黄色 | 肌肉色鲜红,有光泽;脂肪呈白色或微黄色 |
| 黏度 | 外表微干或有风干膜,不粘手 | 肌肉外表微干或有风干膜,外表湿润,不粘手 |
| 弹性(组织状态) | 指压后的凹陷立即恢复 | 肌肉结构紧密,有坚实感,肌纤维韧性强 |
| 气味 | 具有鲜牛肉正常的气味 | 具有牛肉正常的气味 |
| 煮沸后肉汤 | 澄清透明,脂肪团聚于表面,具特有香味 | 澄清透明,脂肪团聚于表面,具有牛肉汤固有的香味和鲜味 |

### 3.4 安全指标

安全指标应符合附表 B 的要求。

附表 B 安全指标

| 项目 | 指标 |
|---|---|
| 挥发性盐基氮毫克/100 克 | ≤15 |
| 总汞(以 Hg 计),毫克/千克 | ≤0.05 |
| 铅(以 Pb 计),毫克/千克 | ≤0.2 |
| 无机砷,毫克/千克 | ≤0.05 |
| 镉(以 Cd 计),毫克/千克 | ≤0.1 |
| 铬(以 Cr 计),毫克/千克 | ≤1.0 |
| 土霉素,毫克/千克 | ≤0.10 |
| 磺胺类(以磺胺类总量计),毫克/千克 | ≤0.10 |
| 伊维菌素(脂肪中),毫克/千克 | ≤0.04 |

注:其他兽药、农药最高残留限量和有毒有害物质限量应符合国家相关规定。

## 4 试验方法

### 4.1 感官指标

按 GB/T 9960 规定执行。

### 4.2 安全指标

#### 4.2.1 挥发性盐基氮

按 GB/T 5009.44 规定执行。

#### 4.2.2 总汞

按 GB/T 5009.17 规定执行。

#### 4.2.3 铅

按 GB/T 5009.12 规定执行。

#### 4.2.4 无机砷

按 GB/T 5009.11 规定执行。

#### 4.2.5 镉

按 GB/T 5009.15 规定执行。

#### 4.2.6 铬

按 GB/T 5009.123 规定执行。

#### 4.2.7 土霉素

按 GB/T 5009.116 规定执行。

4.2.8 磺胺类

按 GB/T 20759 规定执行。

4.2.9 伊维菌素

按农业部 781 号公告—5—2006 规定执行。

4.3 微生物指标

4.3.1 菌落总数

按 GB/T 4789.2 规定执行。

4.3.2 大肠菌落

按 GB/T 4789.3 规定执行。

4.3.3 沙门菌

按 GB/T 4789.4 规定执行。

5 检验规则

5.1 组批

以来源于同一地区、同一养殖场、同一时段屠宰的分割加工牛肉为一组批。

5.2 抽样

按 NY/T 5344.6 的规定执行。

5.3 型式检验

在下列之一情况时应进行型式检验：

a)申请无公害农产品认证和进行无公害农产品年度抽查检验；

b)活牛来源发生变化时；

c)屠宰加工条件或工艺发生变化时；

d)质量监督检验机构或有关主管部门提出进行例行检验的要求时。

5.4 判定规则

5.4.1 以本标准的试验方法和要求为判定方法和依据。

5.4.2 感官指标仅作为判定的参考,不作为产品合格或不合格的依据。

5.4.3 若检验结果符合本标准要求则为合格。检验结果如有一项安全指标或一项微生物指标不符合本标准要求,即判为本批产品不合格。

5.4.4 若对检验结果有争议,可申请复检。复检时应对留存样进行复检,或在同批次产品中按本标准。

5.2 规定重新加倍抽样,对不合格项复验,按复验结果判定本批产品是否合格。

6 标志、包装、储存、运输

6.1 标志

按农业部无公害农产品标志有关规定执行。

6.2 包装

牛肉包装材料按 GB 11680 和 GB 9687 规定执行。

6.3 储存

牛肉应储存在通风良好的场所,不得与有毒、有害、有异味、易挥发、易腐蚀的物品同处储存。冷却分割牛肉应储存在 0~4℃,相对湿度 80%~95%,冷冻分割牛肉应储存在低于 −18℃ 的冷藏库内。

6.4 运输

应使用符合卫生要求的冷藏车(船)或保温车(船),市内运输可使用封闭、防尘车辆,不得与对牛肉发生不良影响的物品混装。

附 录